小花粉，大安全

——生物安全视角下的花粉与人类生活

高伟民　陆　露◎主编

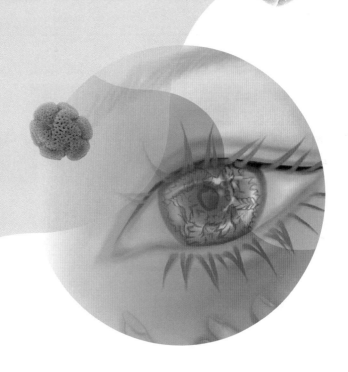

云南出版集团

YNKJ 云南科技出版社

·昆 明·

图书在版编目（CIP）数据

小花粉，大安全 : 生物安全视角下的花粉与人类生活 / 高伟民, 陆露主编. -- 昆明 : 云南科技出版社, 2023.10

（云南社科普及系列丛书）

ISBN 978-7-5587-4898-1

Ⅰ. ①小… Ⅱ. ①高… ②陆… Ⅲ. ①花粉—普及读物 Ⅳ. ①Q944.58-49

中国国家版本馆CIP数据核字(2023)第083925号

小花粉，大安全——生物安全视角下的花粉与人类生活

XIAO HUAFEN, DA ANQUAN —— SHENGWU ANQUAN SHIJIAO XIA DE HUAFEN YU RENLEI SHENGHUO

高伟民　陆　露　主编

出 版 人：温　翔

策　　划：胡凤丽

责任编辑：唐　慧　王首斌　张羽佳　张舒园

封面设计：长策文化

责任校对：秦永红

责任印制：蒋丽芬

书　　号：ISBN 978-7-5587-4898-1

印　　刷：昆明亮彩印务有限公司

开　　本：787mm×1092mm　1/16

印　　张：14

字　　数：179千字

版　　次：2023年10月第1版

印　　次：2023年10月第1次印刷

定　　价：69.00元

出版发行：云南出版集团　云南科技出版社

地　　址：昆明市环城西路609号

电　　话：0871-64190886

作者介绍

主　编

高伟民，男，公共卫生硕士，昆明医科大学讲师。曾承担《病理学》《疾病概要》《传染病护理学》《创新教育》《大学生职业发展与就业指导》《社交礼仪与沟通艺术》等多门必修、选修课程的教学任务。长期从事健康促进和高校教育管理研究，主持科研和教研教改项目20余项，发表学术论文40余篇，主编、副主编教材和专著5部，参编著作7部。

陆　露，女，博士，昆明医科大学药学院研究员，中国古生物学会孢粉学分会会员，《中草药》杂志青年编委，主要从事花粉形态学和花粉症致敏原调查等研究。承担《药用植物学与生药学》《分子生药学》等专业课程教学，主持科研项目10余项，发表学术论文近45篇，参编专著3部。

副主编

刘玉苹（昆明医科大学，讲师，中医学）

李　霁（昆明医科大学，副教授，药物分析）

杨淑达（昆明医科大学，副教授，生药学）

编　委

彭志伟　男　昆明医科大学药学院　　2018级临床药学专业本科生

赵秋叶　女　昆明医科大学药学院　　2019级药学专业本科生

戴欣妤　女　昆明医科大学药学院　　2019级药学专业本科生

吴俊男　男　昆明医科大学药学院　　2019级药学专业本科生

白　情　女　昆明医科大学基础医学院　2019级临床医学专业本科生

马若秋　女　昆明医科大学药学院　　2019级药学专业本科生

高镜池　女　昆明医科大学药学院　　2019级药学专业本科生

吴　静　女　昆明医科大学药学院　　2019级药学专业本科生

张　敏　女　昆明医科大学药学院　　2019级临床药学专业本科生

苏海玉　女　昆明医科大学药学院　　2019级药学专业本科生

张　婷　女　昆明医科大学药学院　　2019级药学专业本科生
　　　　　　　　　　　　　　　　　　（封面及插图设计）

　　习近平总书记在2020年中央全面深化改革委员会第十二次会议上提出，把生物安全纳入国家安全体系。生物安全攸关民众健康、社会安定和国家战略。生物因素对社会、经济、人类健康及生态环境产生的危害随着科技进步日益凸显。目前，针对现代生物技术安全性问题，国家已经加快构建相关法律法规和制度保障体系。但是，对于自然界生物资源隐患来说，由于其具有周期长、偶然性高、可控性低等特性，往往没有得到足够重视。所以，本次源于自然界的新冠病毒引发的重大公共卫生事件，带来了深重灾难和破坏，也给全人类敲响了警钟。

　　自然界的生物资源是一把双刃剑，既为人类带来福利，也能损害人类健康生活。花粉就是一类这样的自然资源。花粉具有较高的营养与药用价值。近年来，国内外掀起了一股"花粉热"，花粉作为新型全能型保健品备受追捧，这为花粉资源的开发和利用建立了积极导向。然而，值得注意的是，与"花粉热"相伴而来的竟是"花粉症"

患者呈现急剧上升趋势。过分的商业炒作，以及科学研究与公众知识普及的脱节，使公众在花粉对人类健康影响方面产生了偏向性理解，致使花粉及其生物安全隐患被严重忽视。花粉对人类健康的影响不容小觑，既可"治"病，亦可"致"病。除花粉症已经逐渐成为全球性常见病外，花粉食源与药源性中毒、花粉有毒有害物质残留、城市绿源性污染、入侵植物花粉污染对农林业危害等问题也在不断加剧。

花粉涉及生物安全领域较广，覆盖了九大安全类型中的五类，包括：公共卫生安全、动植物疫情安全、应用生物技术安全、生物资源安全、防范外来物种入侵与保护生物多样性安全。我国在花粉资源安全问题上，预警与保障能力不足、公众意识薄弱，致使民众对花粉应用的利弊认识不清。因此，为了完善国家生物安全关于自然界生物资源安全体系的构建，健全与花粉流行病学相关的疾病防控体系，除继续深入开展研究外，更重要的是，普及花粉的安全意识教育，让政府、民众、相关部门科学、合理、客观地认识和利用花粉，预防及最小化花粉危害，为人类健康、经济发展、生态环境安全奠定重要基础，为提高和完善民众的生物安全认知提供重要价值。

目录
/ CONTENTS /

/ 第一章 /
生物安全与花粉

引言： 从2003年的非典型病原体肺炎（现称严重急性呼吸综合征，后同）到2019年的新型冠状病毒（现称新型冠状病毒感染，后同），生物安全问题对于人类来说已经成为严峻挑战。2020年，在全国一盘棋抗击新冠肺炎的背景下，习近平总书记指出，将生物安全纳入国家安全体系，系统性地规划了国家生物安全风险防控和治理体系建设。花粉作为植物体产生的特有结构，与生物安全息息相关，逐渐成为生物安全中重要的关注对象。它不仅能够决定植物的繁衍和生物多样性，同时还会影响人类的生命健康，例如，花粉引起的花粉过敏除不会传染外，其杀伤力并不亚于传染病。

第一节　生物安全

　　现今，生物安全问题已经成为全世界、全人类面临的重大生存和发展问题。《孙子兵法》有云："知彼知己，百战不殆。"要想解决生物安全问题首先就要深入了解生物安全，接下来就让我们一起探访生物安全。

1. 生物安全是什么？

　　在深入了解生物安全之前，我们首先要知道生物安全的概念。生物安全问题最早于20世纪70年代提出，出于对转基因生物安全问题的考虑，1975年第一次在美国著名的Asilomar国际会议上提出了"转基因生物安全"这一概念，随后，世界各国开始关注生物安全问题[1]。自生物安全提出后，在不同时期、不同研究领域，不同学者对生物安全都有不同的定义。生物安全最早是对转基因生物安全问题的考虑，所以最初有学者认为：生物安全是在转基因生物体的实验中，因失误使转基因生物体释放，而对人类生存的环境造成无法估量的风险[1]。但是随着人类对大自然的不断探索，以及自然界变化给人类和其他动植物带来诸多的利弊，学者对生物安全又有了新的定义：由于人类活动不当，导致生物、生态系统、人体健康等受到污染、损害等问题[1]。目前，关于"生物安全"概念，学术界尚未完全达成共识，但是，随着世界各国对生物安全愈发重视，生物安全已经涉及政治、伦

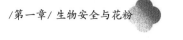

理、法律等各个方面。

定义生物安全众说纷纭：关于生物安全，我们可能首先会想到动植物安全。在兽医学方面，动物安全是最为重要的，其生物安全定义为阻止任何能够引发疾病的微生物，如细菌、病毒、真菌或寄生物等入侵[2]。生物安全首先是保障安全，针对不同的保护对象，究其根源就是要让危害到它的东西，不再危害它。当然，上升到国家层面就是要保障国家安全、公共卫生安全、生态环境、民众身体健康不受威胁。在2005年颁布的第11105号法律中，巴西定义生物安全的准则是：科学发展生物技术，保障人类、动植物的生命和健康，遵守环境和预防规则[3]。

综上所述：生物安全是指全世界各国有效应对有害生物、外来入侵生物、现代生物技术及其应用的侵害，以及威胁微生物危险物质与相关活动引起的生物危害；维护和保障国家安全、公共卫生安全、人民的生命和健康、生物的正常生存以及生态系统的正常结构和功能，不受现代生物技术研发应用活动侵害和损害[4]。

2. 生物安全包括什么？

生物安全自提出以后就不断被重新定义，生物安全家族的队伍也日渐壮大。生物安全的范畴，包括现代生物技术误用或滥用、传染性疾病的危害、生物武器和生物恐怖活动的潜在威胁、生物实验室的安全隐患、生物资源及生物多样性所面临的威胁、转基因技术对人类认识的改变及严重后果、外来生物入侵对本土物种的影响等方面[5-6]。

3. 生物安全的敌人有哪些？

生物安全深刻影响着人类活动，那么，有哪些因素能够威胁到生物安全呢？

（1）人类和动植物携带的各种致病有害生物

在我们生活的环境中，甚至自身体内都存在各种致病有害生物，如细菌、病毒、害虫、真菌等[7]。虽然它们中的大多数是人们用肉眼观察不到的，但它们无时无刻不在侵害着人类和动植物的健康。例如，2019年年末爆发的新冠肺炎，其本质就是由于病毒侵害，导致的人类传染性疾病。

（2）外来生物入侵

外来生物入侵，亦称生物入侵，定义为：非本地生物由原生地经自然或人为途径入侵新环境后，栖息于新环境，导致新环境的生物多样性下降甚至丧失[7]。外来生物入侵不仅有我们常见的跟随人类运输进入，有的物种有自主运动能力也可自己进入，此类称为自然入侵，如麝鼠入侵我国。经人为途径的，如水华现象、澳大利亚野兔成灾、紫茎泽兰入侵等。

（3）转基因生物

转基因生物，是指经由现代生物DNA重组技术将外源基因整合到受体生物基因组所产生的具有全新特性的生物，一定程度上，转基因生物也是外来生物[7]。例如，著名的英国普斯泰事件（转雪花莲凝集素基因的马铃薯使大鼠体重减轻、免疫系统遭到破坏）、美国斑蝶事件（带有转基因抗虫玉米花粉的马利筋叶片使美国大斑蝶大量幼虫死亡）、加拿大超级杂草事件（转基因农作物抗除草剂喷洒杂草，使杂草获得抗性成为"超级杂草"）。相似情况再如：墨西哥玉米事件和中国Bt抗虫棉破坏环境事件等[7]。此外，有研究表明，长期食用转基因食品会诱发疾病[8]。

4. 为什么要研究生物安全？

了解了上述生物安全的一些基本知识，认识到它在不断地影响我们的生活，也有越来越多的人研究它，那么，研究生物安全对于我们人类有什么意义呢？

（1）保护我们赖以生存的环境

人类对生物安全的无知使生物安全的风险逐渐凸显出来，我们的生活环境也因此遭受威胁。例如，未经检疫的生物入境造成的森林、农作物病虫害；外来物种入境引发的美国"亚洲鲤鱼"、澳大利亚"野兔侵略者"及中国的水葫芦等生物入侵事件。人类活动导致的气候变暖致使原有生态系统失衡，例如，2020年年初，干旱引发的北非和巴基斯坦"蝗灾"导致农作物大面积减产绝收[9]。忽视生物安全的我们随时会丧失优美而舒适的生存环境。

（2）保护生物多样性

对野生动物的乱捕滥杀以及对自然资源的过度开发使许多珍稀动植物灭绝，导致生物多样性锐减。人们对维护生物安全意识的缺失，会让越来越多的动植物丧失在这个世界绽放它们美丽身姿的机会。

（3）保护人类健康

食用野味会引发传染病。从SARS、甲型H1N1流感、鼠疫、H7N9禽流感、埃博拉、塞卡、MERS到蔓延全球的新冠病毒，这一系列的公共卫生事件或多或少反映了人与野生动物的相互关系[9-10]。忽视生物安全会让病毒有机可乘，危害我们的身体健康。

（4）维护国家安全

随着各国在生物安全方面的深入研究，生物科技的发展逐渐显现出较强的进攻性。生物安全与国家安全息息相关，生物科技成为国家科技和经济竞争新的制高点，是国家经济和社会正常运转的基础[10-11]。

5. 生物安全的现状

现代生物技术的进步使我们的生活日新月异，但如果使用不当，则会将生物安全问题放大，给我们的生活造成一定的影响。其中，生物安全给我们带来的危害包括：新发和再发传染病危害人类健康，生物恐怖主义威胁国家安全，转基因产物对人类、动植物、微生物和生态环境构成潜在威胁，外来生物入侵严重威胁生物多样性、人畜健康等[12]。可以说，生物安全不仅会危害个人、家庭、国家，甚至会影响整个世界，因此，生物安全问题也引起了国内外的广泛关注。

（1）国内形势

我国作为发展中国家的一员，因为生物安全治理体系亟待完善、治理能力亟须提高，因此面临着严峻的生物安全考验：

①人为破坏持续不断，某些动植物生存仍面临着威胁，生态环境退化和生物多样性锐减的局面没有得到根本控制[13]。

②外来入侵物种危害日益严重[13]。

③生物遗传资源的保护和管理得不到足够重视，导致流失严重[13]。

④生物战威胁长期存在，恐怖势力的生物威胁仍然存在[14]。

⑤新突发传染病不断涌现，难以得到控制[14]。

这些生物安全问题亟待解决，而引发这些问题的主要原因有以下几个：

①我国现行的检疫制度只对已知的人类和动植物特定有害生物进行检疫，保护的主要是人体健康和农业安全，没有充分对环境安全的影响和危害进行详细的评估[13]。

②我国对外来生物入侵危害野生生物和生态环境的问题，还不够重视。其次，《环境保护法》等相关法规虽然涉及环境生物的保护，但对如何防范外来生

物入侵的法律法规还不健全[13]。

③我国还没有对出入境的转基因生物实施有效的管理[13]。

④我国生物安全管理力度不足，生物安全治理体系不够完善[15]。

⑤我国的生物安全评价标准和监控体系还不够系统和完善，研究和技术支撑条件比较有限[13]。

⑥我国生物安全基础研究并没有得到足够的重视[13]。

⑦我国公众生物安全意识不足[16]。

⑧我国生物安全专家咨询机构和技术平台的定位不明确、实力较薄弱[14, 16]。

此外，随着生活水平的提高，野生动物成了满足人们口腹之欲的美食，这也是造成2003年的SARS疫情及2019年年底爆发的新冠肺炎的推测原因之一。这些疫情严重影响公众健康、人民生活和社会经济发展。人们将责任简单推卸给野生动物，殊不知对生物安全的无知不仅会给我们带来严重的疫情，还会带来更严重的社会问题。

（2）国外形势

相较于中国，其他国家也正面临着生物安全问题的挑战。例如，现代生物技术的发展和两用性、全球生物恐怖的威胁、转基因生物安全的争议、双边或多边国际协定和统一的国际生物安全标准、生物安全下的环境与发展问题等。生物安全是国家安全体系的重要部分，是世界各国都应该关注的问题，关系到国家公共卫生、社会稳定、经济发展和国防建设[15]。目前，一些发达国家，如美国、英国、日本、加拿大、法国、澳大利亚、新西兰等，在战略规划层面高度关注生物安全问题，将生物安全战略纳入国家安全战略中，明确颁布了国家生物安全战略规划或法规（见表1-1）[12, 15, 18-19]。

表 1-1　美、英、日、新等国家颁布的相关生物安全法规

国家	时间	法规名称
美国	2002 年	《防止生物恐怖袭击法案》
	2004 年	《21 世纪生物防御国家战略》
	2005 年	《国家（突发事件）应急预案》
	2009 年	《应对生物威胁国家战略》
	2012 年	《生物监测国家战略》
	2018 年	《国家生物防御战略》
	2018 年	《美国卫生安全国家行动计划》
	2019 年	《国家卫生安全战略实施计划 2019—2022》
	2019 年	《全球卫生安全战略》
英国	2018 年	《英国国家生物安全战略》
	2019 年	《解决抗微生物药物耐药性 2019—2024：英国五年国家行动计划》
日本	2019 年	《生物战略 2019——面向国际共鸣的生物社区的形成》
	2019 年	《实验室生物安全指南》第二版修订
新西兰	1993 年	《生物安全法》
	1996 年	《危险物质和新型生物体法》
	1999 年	《动物产品法》
	1999 年	《动物福利法》
	2003 年	《新型生物体与其他事项法案》

如今，世界各国都力图做到兼顾生物技术的发展和生物安全的保护，在发展技术与经济的同时，保护家园及公众健康。

6. 如何解决我国的生物安全问题？

生物安全事关国家经济、国民安全和社会正常运转，生物安全问题意义重大。随着生物安全问题日益凸显，世界各国愈发重视生物安全，我国也时刻关注着生物安全问题，为解决生物安全问题制定了相关的制度和政策法规。

（1）建立健全生物安全法律法规体系

建立健全国家生物安全法律保障体系，把生物安全纳入国家安全法制体系十分重要[11]。自20世纪80年代以来，我国在防范外来物种入侵、生物技术的滥用和误用、突发传染病、生化危机以及动植物保护方面，先后出台了一系列规范性文件。同时，2017年，《中华人民共和国刑法修正案（十）》对传染病、生物恐怖、外来生物入侵和生物资源保护等进行了规定。这些明文规定对于维护我国生物多样性，阻止外来物种入侵，控制传染性疾病蔓延，防止生物技术滥用、误用，以及及时启动生物安全应急措施，阻止生物安全风险扩大化有着积极作用[20]。

（2）加强生物安全防范技术研究

生物科技领域是我国与世界先进水平差距最小的高新技术领域，有可能实现跨越式发展[21]。所以，在面对现代生物科技的"不安全"因素时，时刻注意、了解生物安全及其相关领域的发展非常重要，同时，要不断提高自身的专业技术水平[21]。

（3）构建国家生物安全协同创新体系

加强生物安全领域各类学科之间的基础研究和实验室生物安全管理，同时，推进对新突发传染病病毒的战略预防以及疫苗药物的长期研发。提高医药学方面人才培养要求，注重人才的研究和实践水平，提高生物安全风险科学防控与管理水平。

（4）强化生物安全方面的宣传和教育

研究人员、普通公众、政府部门的管理者和决策者等，对维护好生物安全工作起到了至关重要的作用。对他们进行生物安全的教育和培训，将科学的生物安全知识完整地向公众传播，能够帮助公众树立生物安全风险意识和遵守生物安全法规意识[22]。可以通过电影、电视、报刊等媒体进行广泛、深入的宣传，以及将与生物安全相关的教育内容编入教材，从小抓起，在潜移默化中提高国民的生物安全素养[7]。

（5）加大生物安全人才的培养力度

生物安全涉及众多领域，这就需要有兼备多学科知识、技术的人才，所以要制定中长期生物安全人才教育培养规划，以超常方式培养人才[21]。

第二节　花　粉

　　我们每一次呼吸所吸入的空气中都可能含有花粉（Pollen），尘埃状的花粉在我们生活的环境中无处不在，它对我们的生活已经产生了影响，在带给我们好处的同时，也给我们的健康带来了危害。因此，我们要重视花粉的存在，接下来就让我们揭开花粉的神秘面纱，一起认识花粉。

　　植物与动物间存在某些相似之处，譬如，它们都有需要雄性与雌性共同来完成繁衍后代的使命，当然，无性繁殖除外。广义的花粉是被子植物雄蕊花药或裸子植物小孢子叶上的小孢子囊内的粉状物，就如雄性动物睾丸产生精子一样，花粉能产生植物的"精子"。

　　花粉是种子植物产生的微小孢子堆，营养丰富，含有目前已知的200多种营养物质。成熟花粉粒携带遗传信息，为雄配子体，能产生雄性配子。大多数植物的花粉粒直径为20~50微米，但凡事皆有例外，少部分植物花粉的直径可以小到只有几微米，如紫草科的勿忘草，可以称得上是花粉中的"侏儒"，其大小约为（4~8）微米×（2~4）微米；而花粉中的"巨人"，如锦葵科的洋麻，其直径可达148~242微米；还有"身材"比例失衡的大叶藻花粉，大小约为（1200~2900）微米×（3.5~9.5）微米[23]。

基于视力方面的限制，人们无法用肉眼观测到花粉，但是，显微镜的发明却为人类解决了这一难题，尤其在扫描电子显微镜十万到百万连续变倍功能的辅助下，花粉开始变得立体，其精细结构跃然呈现在人们眼前。借助显微镜，人们叩开了纷繁复杂的花粉世界大门——花粉尺寸不一、形态各异。

1. 花粉知识知多少

（1）花粉的结构特征

花粉具有坚固和耐腐蚀等特性，无不得益于花粉壁的存在。完整的花粉壁由内到外分别为内壁、外壁内层、外壁外层和覆盖层上元素，外壁外层又可细分为基足层、覆盖层下结构、覆盖层[24]。

覆盖层下结构：覆盖层下结构类型有蜂窝状、颗粒状和柱状[24]。

覆盖层：覆盖层类型有负网状、花环状、沟状穿孔、大孔状穿孔、光滑、小孔状穿孔、条纹状、条纹-网状、网状和脑纹状[24]。因为覆盖层类型丰富且看起来像用来修饰的花纹，所以覆盖层类型还叫作外壁纹饰[24]。

覆盖层上元素：覆盖层上的元素类型有颗粒状、刺状、指状、脑纹状、条纹状和瘤状[24]。

花粉外壁十分坚固，但为了成功完成受精过程，大多数花粉表面存在一个或多个没有覆盖外壁或外壁较薄的区域，这样的区域称为萌发孔，花粉管可以从中长出。根据萌发孔形状的长轴与短轴的长度之比可分为孔（长宽比小于2）和沟（长宽比大于2）。孔或沟单独存在的萌发孔称为简单萌发孔，孔和沟皆同时存在的是复合萌发孔。盖住孔或沟的外壁部分，称为孔膜或沟膜[25]。因为萌发孔在花粉上的分布不同，所以又有全萌发孔、赤道萌发孔、任意萌发孔、远极萌发孔、近极萌发孔之分[24]。此外，不同植物的花粉萌发孔数量存在差异，如一些杨属植物的花粉无萌发孔，而苋科、藜科植物的花粉却有较多的萌发孔[25]。

（2）花粉的形态特征

散播单元： 大多数的花粉成熟后会分散为单粒花粉，但也有少数花粉能够"拉帮结派"，聚在一起。因此，花粉的散播单元有单粒、二合体、四合体、花粉块和多聚体[24]。

大小： 根据花粉粒直径，我们又将花粉的大小分为六个等级。第一级：极小，这种花粉最大直径小于10微米，是花粉中的"小老弟"。第二级：较小，这种花粉最大直径为10～24微米。第三级：中等，最大直径为25～49微米。第四级：较大，直径为50～99微米。第五级：大，直径为100～199微米。第六级：巨大，直径大于200微米[24]。

极性： 花粉没有极性称为无极，有极性的花粉根据粉粒的形状、外壁纹饰或萌发系统以及在远极面和近极面呈现的性质是否相同可以分为异极、等极、亚等极3个类型[24]。花粉的极性是根据减数分裂形成四分体时的位置确定的。形成四分体时，4个小孢子向着中心的那一端为近极，相反的另一端为远极；两极的连线称为极轴，由极轴的中心作一条垂线为赤道轴[23]。如果将花粉想象成地球，那么花粉的极面观就相当于观察地球的南北极，只不过花粉的极面观并不单一，其类型有圆形、凹多边形、椭圆形、多边形和裂片状。

对称性： 花粉有3种不同的对称

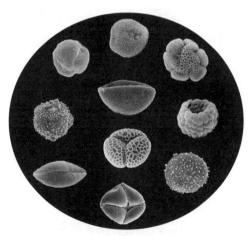

图 1-1　扫描电子显微镜下的被子植物花粉形态多样性

性，即不对称、两侧对称和辐射对称[24]。辐射对称是沿任何一个包含中轴线的平面都可将花粉本身分成相同两部分；两侧对称是通过花粉的中央轴，只有一个对称面（或说切面）将花粉分成左右两边相等的两个部分。

形状： 花粉大致可分为舟形、球形和不规则3种基本类型，其中，球形花粉是最常见的。根据花粉极轴与赤道轴长度的比值又可以将球形花粉分为超长球形（大于2）、长球形（2~1.14）、近球形（1.14~0.88）、扁球形（0.88~0.50）、超扁球形（小于0.5）[24]。

2. 小小花粉，大大本领

花粉的确很小，但你千万别小瞧它！渺小的花粉与我们的生活有着莫大的联系，在许多方面，花粉都扮演着重要的角色，可以说没有花粉人类几乎无法生存。

从人们最关心的"食"说起，不仅花粉自身可以食用，而且人们所吃的瓜果、粮食和蜂蜜都离不开花粉。合理利用花粉甚至能够让养殖业增产：掺有花粉的饲料能够增强家禽和牲口的免疫力，降低发病率和死亡率，能够加快家畜的生长速度并显著提高其繁殖率，还可以使母畜乳汁的产量和质量有所提高[26]。此外，有实验证明花粉也可以促进水产养殖业的增产：1988年，北京大学金声等将破壁花粉提取物添加到对虾饲料中，结果使对虾平均增产30%[27]；同年，国家海洋局第一海洋研究所乔聚海等用蜂花粉饲养对虾，在预防和治疗虾病、提高产量等方面都取得了显著成效[27]。

花粉外壁非常坚固，不仅耐强酸、强碱腐蚀，而且还可以抵抗高温、高压以及氧化，所以，花粉容易完整保留于第四纪地层中形成化石[23]。这些花粉化石在地质考古和古气候、古植被的重建中发挥了重要作用。

花粉帮忙抓罪犯

科普小故事

　　1959年，花粉在刑事案件的侦破中崭露头角。当时，一名游客在享受多瑙河之旅时突然失踪，有人认为他是掉进了河里，也有人猜测他是被同行的游客所杀，可是苦于找不到证据和失踪者的尸体，案件也变得一筹莫展。就在此时，警察锁定了一个犯罪嫌疑人，因为在搜查他的铺位时发现他靴子上沾有较多泥土，这一点显然有些不正常，于是取了一部分泥土样品作为证据交由专家化验。通过化验发现，泥土中存在着许多花粉，有杨柳、桤木和云杉等常见的河边植物的花粉，这说明该嫌犯不久前行走在河岸边，而另一种花粉的存在则直接侦破了本次案件。那是来自2000万年前的已经石化的山核桃花粉粒，准确来说，应该算是化石了，可就是这"上了年纪"的花粉只可能产自距维也纳北面20千米的多瑙河谷的一个地方。最终，警察根据这条线索找到了尸体，凶手也得到了应有的惩罚[28-29]。

花粉又小又坚固，容易粘在人的衣物和头发上，并且高温、高压、酸碱都不易将它销毁，能在案发现场留下证据，加上花粉的分布具有地域性，因此，花粉可以为刑事案件的侦查提供线索[28-29]。由于掌握专业花粉知识的人才不足，运用花粉进行破案的方法并未大规模推广使用，但是在不久的将来，花粉必定是协助法医破案的"得力干将"。

此外，医疗领域及美容、保健方面也少不了花粉的存在，我们的生活与花粉密不可分。

花粉的作用极多，自然成了人们研究的热点，不论是花粉自身的结构和成分还是与花粉相关的领域都备受瞩目。

3. 国内花粉研究历程

若说中国是较早利用花粉的国家，那是毋庸置疑的，可若要比较花粉研究开始的时间，则须另当别论了[30]。中国的花粉学研究起步较晚，由于技术限制，直到20世纪50年代初期才开始花粉的系统性研究。花粉研究在中国的进展大致经历了三个阶段：起步阶段、缓慢发展阶段和快速发展阶段[30]。

1953—1960年是中国花粉研究的起步阶段，可以说这是最艰难的一个阶段，因为没有前人的研究基础，所以要靠研究人员亲自去探索和总结经验。1953年，中国第一个孢粉实验室建立，第二年就开始了孢粉学培训，这些举措为后来的花粉研究发展进步奠定了坚实的基础。在老一辈花粉研究人员的艰苦奋斗下，一篇篇研究论著发表，尤其是《中国植物花粉形态》这一著作的出版，填补了中国花粉学研究领域的空白[30]。

1961—1980年是缓慢发展阶段，花粉研究在这期间几乎处于偃旗息鼓的状态[30]。

直到1980年后，科学技术的进步以及国家对科技的重视促使中国的花粉研究进入了快速发展阶段[30]。借助先进的显微技术，研究者对花粉的观察和研究更加深入细致，研究范围也不断扩大。与此同时，科研成果也得以快速产出。据统计，1981—1995年间发表的论文数量是1980年以前发表论文总数的13.2倍[30]。近十年，中国科学院昆明植物研究所的李德铢、王红、陆露等学者，对世界范围内的被子植物花粉形态性状及其演化规律开展了系统性的研究，进一步明晰了花粉的形态性状演化式样及其生态驱动力[31]。

虽然中国的花粉研究起步较晚，但经过一段时间的快速发展后，也拥有了相对成熟的研究技术。花粉种类丰富，不同植物的花粉形态结构不同，我国植物学家已对多种植物的花粉形态结构进行了观察研究，为植物的鉴别分类及对植物起源、演化的研究提供了依据。此外，科学家们开始研究花粉的化学成分，如氨基酸、皂苷、甾醇、萜类化合物、胡萝卜素、黄酮类化合物、酶、维生素、微量元素、核酸、多不饱和脂肪酸等，以及其疗效机制，花粉被试用于临床治疗中[32-34]。

放眼全球，世界各国的学者均在不断深入研究花粉对人体健康的药理作用和疗效。例如，罗马尼亚的内分泌学家米哈雷斯库博士曾经对患有慢性前列腺炎的150位病人使用花粉进行临床治疗，结果显示，有效率可达70％以上[35]；巴黎防痨院曾经也做过一个实验，给营养缺乏症和身体虚弱的患儿服用花粉，一至两个月后，发现红细胞数量增加了25％～30％，血红蛋白含量也得到提高，平均增加15％[36]。

结语: 我国植物种类丰富多样、数量众多,因此,花粉种类和数量也是多种多样,花粉与生物安全息息相关、密不可分,是一把"双刃剑"。花粉们各具特色,给人类生活带来帮助的同时,也给人类健康带来危害,但是,随着研究的深入,人们会觉得自己越来越离不开花粉,花粉对人类生活发挥着必不可少的作用。所以,随着人类对生物安全问题越来越重视,我们也该对花粉表明我们的"态度",正确利用花粉的优点,抵制花粉给人类带来的危害,不让花粉"有机可乘"。

参考文献

［1］周明华,游忠明,吴新华,等. "国门生物安全"概念辨析 [J]. 植物检疫, 2016, 30 (6): 6–12.

［2］胥力文,胡志强,滕尚辉. 生物安全简述 [J]. 今日养猪业, 2014 (11): 57–58.

［3］郑颖,陈方. 巴西生物安全法和监管体系建设及对我国的启示 [J]. 世界科技研究与发展, 2020, 42 (3): 298–307.

［4］王小理. 生物安全时代: 新生物科技变革与国家安全治理 [J]. 中国生物工程杂志, 2020, 40(9): 95–109.

［5］罗亚文. 总体国家安全观视域下生物安全概念及思考 [J]. 重庆社会科学, 2020 (7): 63–72.

［6］郑涛,黄培堂,沈倍奋. 当前国际生物安全形势与展望 [J]. 军事医学, 2012, 36 (10): 721–724.

［7］田亚东,康相涛,孙国宝. 生物安全现状与管理对策 [J]. 广东农业科学, 2007 (9): 111–114.

[8] 王加连 . 转基因生物与生物安全 [J]. 生态学杂志 , 2006, (3): 314-317.

[9] 李琦 . 强化国家生物安全的时代意义与启示 [J]. 理论与当代 , 2020, 4: 21-23.

[10] 刘万侠 , 曹先玉 . 国家总体安全视角下的生物安全 [J]. 世界知识 , 2020 (10): 14-17.

[11] 王会 . 总体国家安全观视域下的生物安全 [J]. 卫生职业教育 , 2020, 38 (13): 142-145.

[12] 祝晓莲 . 国际生物安全形势及我国应取的对策 [J]. 国际技术经济研究 , 2007 (4): 1-4.

[13] 庞礴 . 我国生物安全的发展现状 [J]. 生物技术世界 , 2013 (1): 10.

[14] 刘水文 , 姬军生 . 我国生物安全形势及对策思考 [J]. 传染病信息 , 2017,30 (3): 179-
181.

[15] 陈方 , 张志强 , 丁陈君 , 等 . 国际生物安全战略态势分析及对我国的建议 [J]. 中国
科学院院刊 , 2020, 35(2): 204-211.

[16] 丁晓阳 . 浅论我国生物安全政策 [J]. 科技进步与对策 , 2003, 20 (12): 32-33.

[17] 朱康有 . 把生物安全纳入国防教育体系 [J]. 前进 , 2020 (6): 34-36+39.

[18] 李建勋 , 秦天宝 , 蔡蕾 . 新西兰的生物安全体系及其借鉴意义 [J]. 河南省政法管理
干部学院学报 , 2008 (2): 140-147.

[19] 沈志雄 , 高杨予分 . 完善国家生物安全体系 , 维护国家生物安全 [J]. 世界知识 ,
2020 (10): 20-23.

[20] 张艳 , 马敏 . 我国生物安全立法的反思与完善 [J]. 工程研究 : 跨学科视野中的工程 ,
2020, 12 (1): 84-91.

[21] 李洪军 , 郭继卫 . 维护国家生物安全的新思考 [J]. 中国医药生物技术 , 2011, 6 (3):
222-224.

[22] 张琳 . 浅论当今中国的外来物种入侵问题及其法律对策 [C]// 林业、森林与野生
动植物资源保护法制建设研究——2004 年中国环境资源法学研讨会（年会）论文
集（第二册）. 国家林业局、中国法学会环境资源法学研究会、重庆大学 : 中国法
学会环境资源法学研究会 , 2004: 1-4.

[23] 刘宁 . 花粉的形态 [J]. 生物学通报 , 2011, 46 (9): 13-15.

［24］Wortley AH, Wang H, Lu L, et al. Evolution of Angiosperm Pollen. I. Introduction [J]. Annals of the Missouri Botanical Garden, 2015, 100 (3): 177−226.

［25］邱念伟，王颖. 卡尔文循环中的细节问题 [J]. 生物学通报，2011, 46 (9): 15−19.

［26］王启发，纵封学，马丽. 花粉在畜牧业中的应用 [J]. 蜜蜂杂志，2006 (7): 27−28.

［27］胡福良，李英华. 蜂花粉在畜牧业中的开发利用研究进展 [J]. 甘肃畜牧兽医，2001 (3): 31−33.

［28］陈云霞，史洪飞. 法医孢粉学研究进展及其在法庭科学中的应用 [J]. 法医学杂志，2020, 36 (3): 354−359.

［29］旋旋. 花粉作"证"抓凶手 [J]. 发明与创新：学生版，2009 (1): 45.

［30］赵先贵，肖玲，毛富春. 中国植物花粉形态的研究进展 [J]. 西北植物学报，1999, 19(5): 92−95.

［31］Lu L, Wortley AH, Li D Z, et al. Evolution of Angiosperm Pollen. 2. the Basal Angiosperms[J]. Annals of the Missouri Botanical Garden, 2015, 100 (3): 227−269.

［32］王丹丹，耿越. 花粉活性天然产物的研究进展 [J]. 中国蜂业，2015, 66 (5): 20−24.

［33］周小鹭. 花粉的药理及应用研究 [J]. 黑龙江医药，2009, 22 (2): 152−155.

［34］于淑玲，杜丽敏. 花粉的营养价值和综合利用 [J]. 中国食物与营养，2007 (1): 43−44.

［35］李云捷. 玉米花粉多糖的分离、纯化、结构鉴定及抗氧化活性的研究 [D]. 华中农业大学，2005.

［36］骆昌芹. 浅谈花粉食用 [J]. 生命世界，2009 (2): 58−59.

/ 第二章 /
花粉的人类健康价值

　　引言：传说花粉是神的食物，花粉被古希腊人称为"神仙的饮料"，神和凡人不同，他们只吃花粉。现在有些古装剧里也描述了神只吃花粉的情节，凡人认为，神之所以长得这么好看都是因为吃了花粉。同时，花粉还享有"青春与健康的源泉""最理想天然营养宝库""浓缩的氨基酸"等美称。花粉作为大自然的一部分，与人类之间存在着必然联系，看似微不足道，却能够对人类的生活造成不容忽视的影响。花粉在医药、化妆品和食品领域的研究有显著进展，可以说，花粉以其得天独厚的优势在人类健康事业中熠熠生辉。当然，任何事物都有其两面性，花粉在给人们带来好处的同时，也给人们造成了不少麻烦。本章将通过介绍花粉给人类健康带来的正负面影响，让人们认识到花粉能利人，亦能损人，呼吁人们加强防范意识和采取防范措施。

第一节　花粉利人

> 人在劳动与奉献中创造价值，花粉则主要通过食用、使用、药用等方面来展现自己的人类健康价值。

1. 身体健康与饮食

民以食为天。"吃"是亘古不变的话题，我国是食用花粉较早的文明古国，从古至今都有记载我国将花粉制作成有助人类健康的食品。如今，人们根据花粉的各种功能将其制作成各种各样的保健食品，如蜂花粉片、花粉酸奶、花粉酒、蜂花粉功能性饮料等。

（1）花粉酸奶

花粉酸奶营养价值高，富含蛋白质、脂肪、糖类、各种维生素（如维生素C、维生素B）及微量元素。维生素C可防治动脉硬化、贫血、抗癌，有利于预防和治疗我国儿童普发性的缺铁性贫血，可以促进花粉酸奶中铁的吸收。花粉酸奶中含脂肪酸亚油酸，可维持胆固醇的正常代谢，适于老年人饮用[1]。花粉与酸奶的结合，赋予了酸奶浓浓的花香味，饮用时如身临大自然一般，让人心旷神怡。

（2）花粉酒

"千里莺啼绿映红，水村山郭酒旗风。""兰陵美酒郁金香，玉碗盛来琥珀光。""风吹柳花满店香，吴姬压酒唤客尝。"从古至今，赞美酒的古诗与文章数不胜数。适当地饮酒可以兴奋神经、使人愉悦，不时还可以激发灵感，使我们的精神与灵魂发生碰撞，创造出一些奇思构想。适当地饮酒还可以舒筋活血、弛豫血管，有利于血液循环，特别是在寒冷的冬天来一小口酒，身体不一会儿就暖和了起来。所以，现在很多商家们巧妙地利用花粉进行酿酒：酒泛花粉是我国古代加工花粉的有效方法，花粉经酒曲发酵处理，不仅增加了花粉营养成分的生物利用，而且还能有效除去花粉中的致敏原物质[2]。再加之用花粉酿出的酒带有花的清香，味道醇厚，怎叫人不爱花粉酒呢？

科学实验员——花粉酒的加工程序

蜂蜜 ➡ 加冷开水稀释至波林24℃ ➡ 加入5%酿蜂蜜酒用的药曲 ➡ 发酵（20~25℃） ➡ 分析检验酒度与糖度 ➡ 分离得上清液 ➡ 勾兑（视需要加入适量的蜂蜜和花粉提取液） ➡ 陈酿 ➡ 杀菌 ➡ 灌装封盖 ➡ 成品[3]

2. 美容减肥效果好

爱美之心人皆有之，尤其女性更注重自己的容貌，为了使自己的皮肤处于一个良好的状态，很多女性不惜花重金做美白嫩肤手术、注射水光针（想使皮肤更加饱满白皙）等。同时，很多女性也希望自己拥有赵飞燕般苗条的身材，想方设法地开展减肥。有些人坚持运动，合理安排饮食，但更多的人选择通过节食、催吐等极端方法来达到减肥效果。不管是打针美肤，还是催吐减肥，这些行为对健康都会造成不小的损害，所以，很多人对此感到十分苦恼。就在人们苦恼时，花粉悄悄地来到了她们的身边。

（1）美容养颜

花粉富含蛋白质、氨基酸、维生素、微量元素、磷脂、超氧化物歧化酶等护肤成分[4-5]。这些物质对皮肤均有营养作用，能够消除粉刺与色斑，促进皮肤细胞的新陈代谢，使皮肤柔润，增加皮肤弹性，从而延缓衰老（见表2-1）。

表 2-1　花粉所含有的重要成分及其功效

花粉重要成分	磷脂	氨基酸	维生素 A	维生素 E	核酸
功效	调节细胞膜，提高渗透性，使营养最大限度深入真皮细胞	防止皮质层水分损失，保持皮肤滋润	保持皮肤湿润性和柔软性，防止皮肤粗糙角质化	扩张毛细血管，改善血液循环，增强造血功能	促进细胞再生和新老细胞交替，使皮肤充满活力

当人们发现花粉这些功能后，努力寻找其中的商机，制造出了很多花粉日用品，如西班牙的花粉雪花膏、瑞典的花粉清洁霜、日本的花粉美颜霜等。随着生化技术的发展，花粉破壁提取营养物质的技术和保鲜工艺日趋成熟，为现代花粉化妆品的研发提供了重要保障[6]。

（2）减肥瘦身

随着社会物质生活的改善，人们的饮食条件也变得更好，但是，不合理的膳食结构和生活方式使肥胖率不断攀升。研究调查显示，目前，全世界肥胖人口数量已突破12亿。在美国，男女肥胖率近人口总数的30%，每年用于防治肥胖的费用高达400万亿美元。我国的肥胖率也几乎达10%，据预测，我国未来十年肥胖人口将会超过3亿[7]。肥胖不仅会影响一个人的颜值，更可怕的是会因肥胖带来各种并发症，如糖尿病、血脂异常、高血压、癌症等[8]。所以，不少肥胖患者会通过吃减肥药、喝减肥茶、节食、催吐等方法来达到减肥的效果，可殊不知，不科学、不健康的减肥方法会严重损害身体健康。

实验研究表明，某些花粉具有减肥降脂的效果或预防作用[9]，如蒲黄花粉对高脂饮食诱导肥胖大鼠体重和脂质代谢的影响研究[10]，五味子蜂花粉对高脂饮食诱导的肥胖小鼠非酒精性脂肪肝和肠道菌群的影响研究[11]。肥胖是食物摄入过多或机体代谢改变而导致体内脂肪积聚过多、体重过度增长[12]。实验员对注射谷氨酸钠致胖的五月龄小鼠喂服花粉连续1个月，发现体内脂肪含量、血清和肝脏的胆固醇含量等明显比不喂服花粉的小鼠低，这为临床应用提供了一定的证据[13]。既然花粉能帮助减肥，那我们看看究竟是什么成分在发挥作用呢？据研究表明，花粉中含有的特殊维生素和丙酮酸钙类物质，通过抵抗体内肥胖基因突变和激素调节体内脂肪储存量和能量消耗，达到减肥效果[7]。食用花粉减肥使减肥变得更加简单，更重要的是，能在不损害健康的前提下达到减肥效果，让生活变得轻松美好，可谓是肥胖患者的福音。花粉的日食量一般为：20克/天，增加量30克/天，分早、中、晚三次服食，但切记遵医嘱服用。经霉素处理的花粉被报道无任何副作用，可适度服用达到一定减肥效果[7]。

3. 有效成分治疾病

说到健康，人们马上会将其与医生及医疗卫生事业联系起来，花粉的健康价值也不例外。花粉中的某些化学物质具有治疗疾病的作用，将这些药用成分提取并制成药剂后，可以为缓解相关病症提供一定支持。

（1）降血脂

随着生活质量的提高，人们的物质水平也快速增长，带来益处的同时也带来了坏处。人们因为缺乏运动又摄入了过多脂肪，导致了血管疾病的高发。而且，此类疾病严重影响人类健康，是威胁健康的头号敌人。高血脂是主要致病源之一，当人体摄入过多脂肪，加之活动和精神方面问题，使血液中血脂过高，血管脂肪与蛋白质相结合形成脂蛋白[14]。对人类健康的威胁主要来自于这些低密度脂蛋白和极低密度脂蛋白，它们可损坏动脉内壁，从而引起动脉硬化[14]。花粉中的黄酮和生物碱等活性成分能与胆固醇结合，减少机体对胆固醇的吸收，从而使血脂降低[14]。花粉在一定程度上给高血脂人群带来了希望，减轻了病人的病症，促进了人类健康发展。目前据研究发现，可用于降血脂的花粉有玉米花粉、茶花粉、油菜花粉和复合花粉及其制品[15]。

（2）抗肿瘤

如今人们听到"癌症"这个词就会胆战心惊，恰巧肿瘤与癌症有着密切关系，癌症是所有恶性肿瘤的总称。肿瘤是人体的正常细胞发生异常突变，逃脱免疫监控（就像坏人乔装打扮在警察眼皮下偷偷溜走了），在体内迅速分裂增殖而成[16]。花粉怎能让这些异常细胞钻了空子，于是，它发动身体里的天然化学物质（多糖、黄酮、活性脂类物质等[17]）激活免疫器官的免疫功能，提高免疫系统的肿瘤细胞杀伤力，阻止癌细胞的进一步生成与扩散[18]。经多例临床研究表明，花粉对治疗早中期肺癌、鼻咽癌、肠癌、眼癌、子宫癌等疗效显著[19]。

（3）抑制前列腺增生

花粉对前列腺炎有较好疗效，蜂花粉中的脯氨酸、黄酮素、吲哚乙酸等均可用来治疗前列腺增生、前列腺肥大、前列腺炎等病症[21]。其中，油菜花粉和荞麦花粉被发现用于治疗前列腺炎的效果最佳[22]。以花粉为原料制成的"前列康"是我国目前治疗前列腺炎的一种药物。

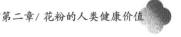

科学实验员——花粉抑制前列腺增生的药理学研究

研究者对患有前列腺增生的老龄犬连续2个月每天饲以蜂花粉5g/kg或10g/kg，B超结果表明：服药后，与对照组相比，前列腺大小显著减小，腺腔直径和腺上皮细胞的高度明显变小，腺上皮细胞增生相对不活跃，乳头稀疏、短且分枝少，表明花粉治疗后，前列腺增生程度具有统计学意义的减轻[20]。但性激素含量等其他检查结果均无异常，表明蜂花粉对治疗前列腺增生有一定效果，长期服用暂未发现明显不良反应[20]。

（4）护肝

自古以来，酒就深受人们喜爱，可是，过度饮酒或不良的饮食结构除使酒精肝成为除病毒性肝炎外，也严重威胁人类健康。花粉中含有人体必需的氨基酸和黄酮类化合物，可以维持肝功能，防止脂肪在肝上沉积演变为脂肪肝，从而保护肝脏[22]；可以保护肝细胞，对慢性肝炎的治疗也有较大的功效[23]。有研究表明，油菜蜂花粉提取物对肝细胞有明显的保护修复作用，其保肝原理可能和抑炎介质效应、减少炎症介质的生成与释放有关[24]。

科学实验员——花粉护肝的临床学研究

研究者曾用花粉、蜂蜜配制的花粉蜜，对慢性肝炎患者进行了口服73天的临床观察。发现患者的胃纳差、消化不良、肝隐痛、疲乏无力等症状有明显好转，血浆中蛋白与球蛋白之比由口服前的0.91增到1.29，具有一定疗效[25]。

此外，研究者对小鼠进行对照实验，将切除了部分肝脏的小鼠分为喂食花粉组与对照组两个组，结果表明：喂食花粉组小鼠较对照组小鼠体质恢复更快，因酒精中毒死亡的小鼠数量明显减少[19]。花粉对过量饮酒所致的酒精性肝硬化有一定疗效，具有修复肝脏功能的作用[19]。

第二节　花粉之害

花粉给人们带来的益处较多。但是，当你沉浸于花粉带来好处的喜悦中时，花粉的"潘多拉魔盒"已悄无声息地打开。这些看不见摸不着的"小家伙"会时不时地捉弄你——让你生病、难受，甚至威胁你的生命。

1. 令人讨厌的花粉过敏

阳春三月，万物复苏，花儿竞相绽放，空气里弥漫着芬芳的气息。美丽的花儿外表下却潜伏着种种危害，暗藏着城市里的一大健康"杀手"——花粉。这位"杀手"会让容易过敏的人群苦不堪言。

花粉过敏会引起人们生病，如鼻炎、结膜炎以及其他一些病症。

（1）过敏性鼻炎

花粉一般以外力（风）和动物（昆虫）为媒介，在空气中飘浮传播。人的鼻毛和鼻腔结构能阻挡95%的、直径大于10微米以上的颗粒物，而花粉直径一般大于10微米，所以，当花粉通过空气传播进入人的鼻腔时，就会因阻留而沉积在鼻腔内。但如果花粉过敏患者在花粉播散的高峰期间不采取一定措施，就会引发花粉症。而花粉症的典型症状就是过敏性鼻炎。由于花粉在空气中飘散的特点，以及我国北方空气湿度普遍较低，造成花粉浓度在北方均略高于南方，故花粉症患病率也相对高于南方。基于北方地区，特别是北京和内蒙古等地的气传花粉监测结果，揭示了我国北方春季主要的气传花粉种类以柏科、榆科、悬铃木科、桦木科、杨柳科等为主，夏季以禾本科植物花粉为主，秋季则以菊科蒿属、菊科豚草属、藜科、桑科葎草属等为主[26-27]。大家知道，患有鼻炎是一件比较痛苦的事情，经常会有鼻痒、喷嚏、清涕、鼻塞的症状，而过敏性鼻炎则是使一些鼻炎患者觉得让本就遭罪的鼻子雪上加霜。对于本身患有鼻炎的人，再次吸入花粉的时候更容易引起一些刺激反应，甚至刺激鼻黏膜，引起鼻出血。与此同时，这些刺激反应也会引发一些挼搓鼻子的动作，对于鼻子毛细血管丰富又比较脆弱的人来说，这种动作很容易造成鼻出血。所以，在花粉传播高峰期时，花粉过敏患者应该采取相应的防范措施，戴口罩或采用鼻腔清理液之类的产品来避免过久过多接触过敏原，能有效减少并发症出现。

（2）结膜炎

过敏性结膜炎分为哪几种呢？大致可分为常年性过敏性结膜炎和季节性过敏性结膜炎[28]。其中，季节性过敏性结膜炎发病率较高，占眼部过敏性疾病的90%，其症状主要表现为眼痒、流泪、眼睑水肿等[29]。而诱导季节性过敏性结膜炎的主要介质之一为空气中传播的各类致敏花粉，风带来又带走它们，虽然它们没有脚，但却能"健步如飞"，这也成了它们比较不好管控的特点[30]。随着科技与医学的发展，药品与各种病症的"斗智斗勇"也一直在继续，针对过敏性结膜炎这类疾病，一般使用对应眼药水就可以缓解，主要还是预防，根治相对来说是比较困难的。

Hello! 大家好，我就是人见人爱，可爱活泼的小花粉美美。在日常生活中，我可受人们的喜欢啦！他们把我制成各种各样的食品、化妆品、药品等。但是讨厌我的人也很多，因为每次到群花盛开的时候，我总会让患有花粉症的人们不停地打喷嚏、流眼泪。其实，这些并非是我愿意造成的。经过一系列调查，我发现，不断引发花粉过敏的根本原因就是人们对我了解太少了。就比如，昨天下午，我正舒服地躺在花瓣上睡觉，忽然感受到有一股巨大的力量把我往里面吸，过了好一会儿我才能睁开眼睛，一看，四周光线昏暗，地上也是湿湿的，四周还有许多纤细的绒毛，这时我才反应过来，这里是人类的鼻孔，原来我被一个人类孩子吸入了他的鼻腔。但是还好，我被鼻毛和狭小的鼻腔结构给阻滞了下来，不然我就回不了家了！而且，就在这狭小的空间，我还遇到了几个同是花粉的好朋友，他们的遭遇也跟我一样。就在这时，我听见了这个小孩妈妈对小孩说："乖乖，怎么感冒了呀？等到家了妈妈给你喝点感冒药。"这一听可把我急坏了，怎么能轻易就判断是感冒呢？打喷嚏、流鼻涕不一定都是感冒啊！也有可能是花粉过敏或其他疾病引起的呀，真是糊涂！果然，小孩喝了几天的感冒药症状依然没有得到缓解，而且更加严重。这时，小孩妈妈才发觉不对劲，这才把小孩带到了医院。经过一番检查，小孩最终诊断为花粉症。

从人们把花粉症误认为是感冒，以及使花粉症不断复发这些情况来看，人类对花粉症的了解真是太缺乏了。其实，患有花粉症并不可怕，因为在花朵盛开时期，采取一定的预防措施（比如戴口罩）是可以避免花粉症的发生与复发的，去医院检查还可以查出过敏原，了解后与过敏原保持一定的距离便可有效防止花粉症的发生与复发。所以，我希望人类能花点时间了解我们花粉，不仅对你们的健康生活有帮助，还能让我们之间的相处更加融洽哦！

（3）口腔变态反应综合征

口腔变态反应综合征是一种特殊的食物过敏反应，患有花粉症的人大多数也容易患有该症。这类人群吃了一些"易敏"的水果或蔬菜后，会出现某种生理过敏现象，主要体现在口腔上。多数花粉症患者过敏和一些食物有关，"花粉－食物过敏综合征"因此得名[31]。在食用了一些致敏物之后，会出现唇、舌、口腔黏膜的瘙痒，严重的人可出现呕吐、腹泻、支气管哮喘、全身泛发性风团等[32]。而这种口腔过敏综合征的发病机制是由于过敏原组分结构的类似而引起的交叉过敏反应[33]。此类患者在饮食上一定要格外注意，需要对特定食物忌口，否则，很容易引发一些过敏性疾病，长期下去对自身抵抗力有一定的影响，严重会损伤组织。

科普小贴士

　　小红和小绿是好朋友。有一天，小红请小绿去吃蜂花粉，小绿因为爱吃花粉，于是食用了很多。吃完之后不一会儿，小绿就开始头痛、头晕、咽喉发干、口渴，继而出现兴奋、谵妄、幻觉、瞳孔扩大、皮肤潮红以及抽搐的症状。过了一天之后，开始出现低热、头昏、四肢麻木、恶心呕吐等症状。这可把小红吓坏了，赶紧将其送往医院，小绿被诊断为食物中毒。小红吃得少，一开始身体没什么不适，但数天后陆续出现了相似症状。后来，小绿康复之后，跟小红一起去查阅了资料，发现蜂花粉中毒严重者可出现脉速、高烧、幻觉、谵妄、不安、惊厥，最后出现昏迷、呼吸困难等，若是在怀小宝宝的晚期甚至会引起早产。小红一身冷汗，于是，小红接着就"怎样的蜂花粉会引起中毒"这个问题进行了探索，发现：蜂花粉变质或有毒农药残留超标都会引起中毒或相关不良反应，而且这些症状都比较类似，主要破坏消化道或神经系统，症状常表现为恶心呕吐、腹痛腹泻、头痛头晕等[34]。因此，当出现以上症状时，应该及时就医，把伤害减到最小，这是小红和小绿在这次"误食中毒"事件中得出的经验。

2. 另类隐形威胁——蜜源中毒

一般来说，蜜源中毒原因包括蜂花粉中毒和蜂蜜中毒。

（1）蜂花粉中毒

蜜蜂采集的花粉可能来自于有毒植物，不知不觉成为"有毒的蜂花粉"，或者那些植物本身没有毒，但可能因为其中含有农药或者其他有毒有害成分并超过标准残留，亦或是蜂花粉变质等产生了一系列的毒副作用。我们把这种现象叫作蜂花粉中毒。文中小故事描述了一些食用有毒蜂花粉之后出现的不良反应。

（2）蜂蜜中毒

自中毒事件发生后，小红和小绿变得非常谨慎。他们了解到，食用一些蜂蜜也会造成中毒，而这些蜂蜜来源于某些花蜜，花蜜则来自于有毒蜜源植物的花粉。因此，这些蜂蜜含有不同种类和程度的毒素。与蜂花粉中毒不同，含有植物源毒性成分的蜂蜜对蜜蜂和人的毒害存在一定差异，有的仅对蜜蜂或人产生毒性，有的对蜜蜂和人都有毒性[35]。多数人以头痛、恶心、呕吐、腹痛、腹泻等为首发症状，继而出现急性肾功能损伤。食用有毒蜂蜜后，大多数人几小时内就会出现明显的症状，而食用蜂花粉过量才会造成相应症状。当然，因为蜜源植物的毒性和摄入量的不同，中毒症状也会因人因事有所区别。有人曾经误食有毒蜂蜜中毒，但症状并不严重，一开始都没有意识到是中毒，只会觉得口渴口苦，后来渐渐唇舌发麻、食欲减退、额头发烫，最后恶心、呕吐、腹痛、腹泻，才意识到应该去医院就诊，结果诊断发现是食用了有毒蜂蜜所致。

蜜源中毒在我国并不少见，致病原因主要是食用了野生蜂蜜或变质蜂花粉。我国是一个植物多样性较高的国家，有毒的蜜源植物被报道主要有15科29种[35]（详见第四章第四节）。这些植物分布广泛，一旦蜜蜂采到它们的花粉酿制成蜂花粉或蜂蜜，不论是对蜜蜂，还是对人类都有一定危害。所以，建议人们不要食用处在有毒蜜源植物开花期、野生或家养蜂群产出的蜂蜜和蜂花粉，以及蜜源植物背景模糊和来源不清楚的蜂蜜。谨慎食用，或者非必要情况下不食用来源不明的蜂蜜，避免此类中毒事件发生[36]。同时，食品安全知识普及是非常重要的，特别是在蜂蜜中毒高发、多发地区，这有助于提高人们的防范意识。对于那些散装蜂花粉、蜂蜜要加强管理，否则容易造成食品安全事故[36]。不过，大家不用过于担心，在一些蜂蜜中毒事件出现后，基层医疗机构也可以马上解决。另外，相关应急预案的制定对及时救护和帮助不小心吃了有毒蜂花粉和有毒蜂蜜的患者来说也是至关重要的[36]。

结语： 花粉对我们的生活有利有弊，但我们可以尽最大的努力来平衡利弊关系。对其利：随着科学技术的不断发展，我们能挖掘花粉更多的功能，发挥花粉对人类健康的最大价值，培养更多花粉研究方面的人才。对其害：我们可以采取相关的防范措施，有效避开过敏原，加强每位公民对花粉相关知识的了解。总的来说，实现花粉对人类健康价值的最大化需要所有人的共同努力，那就让我们从我做起，努力为我们的健康保驾护航吧！

参考文献

［1］魏荣禄，井通海，刘金山，等. 花粉酸奶的研制 [J]. 新疆畜牧业，1989 (5): 32-36.

［2］何旭，黄斌. 中国古代花粉的应用 [J]. 中国蜂业，2007 (5): 40-41.

［3］熊善柏. 花粉食品的加工技术 [J]. 农家顾问，1994 (1): 20.

［4］周小鹭. 花粉的药理及应用研究 [J]. 黑龙江医药，2009 (2): 152-155.

［5］王开发，张盛隆，支崇远，等. 花粉化妆品的应用和前景 [J]. 香料香精化妆品，2002 (3): 42-43, 49.

［6］吴忠高.蜂花粉深加工产品开发研究进展 [J].中国蜂业，2014, 65 (10): 38-40.

［7］李幸阳.花粉减肥探析 [J].养蜂科技，2005 (6): 41.

［8］钱文文，辛宝，孙娜，等.肥胖的流行病学现状及相关并发症的综述 [J].科技视界，2016 (18): 53-54.

［9］钱伯初，刘雪莉，臧星星，等.花粉对谷氨酸钠所致小鼠肥胖的预防作用 [J].中国病理生理杂志，1993 (3): 430-433.

［10］Jang JT, Seo IL, Kim JB. Effects of Gamimahaenggamseok-tang and Typhae Pollen on Body Weight and Lipid Metabolism of Rats with Obesity induced by High Fat Diets[J]. Journal of Physiology & Pathology in Korean Medicine, 2003, 17 (1): 190-202.

［11］Cheng N, Chen S, Liu X, et al. Impact of *Schisandra chinensis* bee pollen on nonalcoholic fatty liver disease and gut microbiota in highfat diet induced obese mice[J]. Nutrients, 2019, 11 (2): 346.

［12］宋航，张含，刘铭，等.马尾松花粉醇提物降脂作用与预防肥胖的实验研究 [J].天然产物研究与开发，2013 (2): 253-257.

［13］刘雪莉，钱伯初，史红，等.花粉对小鼠的降脂减肥作用实验研究 [J].中国中西医结合杂志，(S1): 1997, 39-41, 279.

［14］王丹丹，耿越.花粉活性天然产物的研究进展 [J].中国蜂业，2015 (5): 20-24.

［15］潘建国，段怡，郑尧隆，等.油菜花粉 PUFAs 对高血脂症大鼠血脂主要指标影响的研究 [C]// 中国孢粉学分会七届一次学术年会论文摘要集.中国古生物学会孢粉学分会、中山大学地球科学系：中国古生物学会，2005: 71.

［16］董莎莎，左绍远.花粉多糖抗肿瘤作用机理研究进展 [J].中国民族民间医药，2009 (3): 29-30.

［17］闫亚美，舟林武，曹有龙，等.枸杞蜂花粉功效研究及开发应用前景 [J].宁夏农林科技，2014 (2): 83-84, 89.

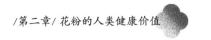

［18］戴菁池，钱丽娟，曹明富. 花粉及其组分的抗肿瘤药理活性研究 [J]. 中国肿瘤，2007 (5): 340−341.

［19］周康，杨芳，姚娜，等. 花粉的营养及功能概述 [J]. 农产品加工 (学刊), 2013 (19): 60−63.

［20］徐礼根，王维义. 蜂花粉的抗癌和防衰效应 [J]. 中国药学杂志，1991 (11): 680−683.

［21］张秋蓉，周浓，张筱岚. 花粉的营养及保健功能 [J]. 亚太传统医药，2010 (7): 148−150.

［22］于淑玲，杜丽敏. 花粉的营养价值和综合利用 [J]. 中国食物与营养，2007 (1): 43−44.

［23］何佳洁，汪燕，马振刚. 综述蜂花粉的广泛应用 [J]. 蜜蜂杂志，2020 (1): 13−17.

［24］Reichling JJ, Kaplan MM. Clinical use of serum enzymes in liver disease [J]. Digestive Diseases & Sciences, 1988, 33 (12): 1601−1614.

［25］陈斌. 健身益寿话花粉 [J]. 中国食物与营养，2004 (11): 48−50.

［26］Wang XY, Ma TT, Wang XY, et al. 2018. Prevalence of pollen−induced allergic rhinitis with high pollen exposure in grasslands of northern China[J]. Allergy, 73 (6): 1232−1243.

［27］王晓艳，田宗梅，宁慧宇，等. 北京城区气传花粉分布与过敏性疾病就诊关系分析 [J]. 临床耳鼻咽喉头颈外科杂志，2017 (10): 757−761.

［28］Skaaby T, Husemoen LL, Thuesen BH, et al. Ig E sensitization to inhalant allergens and the risk of airway infection and disease: A population−based study[J]. PLoS One, 2017, 12(2): e0171525.

［29］Mohanty RP, Buchheim MA, Levetin E. Molecular approaches for the analysis of airborne pollen: A case study of Juniperus pollen [J]. Annals of Allergy, Asthma & Immunology, 2017, 118 (2): 204−211.

［30］王晓艳，田宗梅，宁慧宇，等. 季节因素对过敏性结膜炎就诊及用药的影响研究 [J]. 现代生物医学进展，2017 (18): 3473-3476.

［31］房俊. 口腔过敏综合征的诊治 [J]. 中国临床医生杂志，2014 (12): 11-12.

［32］Ludman S, Jafari-Mamaghani M, Ebling R, et al. Pollen food syndrome amongst children with seasonal allergic rhinitis attending allergy clinic [J]. Pediatr Allergy Immunol, 2016, 27: 134-140.

［33］Kim JH, Kim SH, Park HW, et al. Oral allergy syndrome in birch pollen-sensitized patients from a Korean university hospital [J]. Journal of Korean Medical Science, 2018, 33: e218.

［34］姚海春，姚京辉，陈云. 蜂花粉过敏反应与中毒机理临床研究 [J]. 中国蜂业，2015 (6): 50-51.

［35］郑亚杰，刘秀斌，彭晓英，等. 我国有毒蜜源植物及毒性 [J]. 蜜蜂杂志，2019 (2): 1-8.

［36］陈顺安，张强，刘志涛，等. 澜沧江流域北部中华蜜蜂有毒蜂蜜孢粉学和营养生态位分析 [J]. 生态学报，2015 (20): 6734-6741.

/ 第三章 /
与人类健康有关的花粉种类

> **引言：**中国是一个地大物博的国家，大地母亲孕育了无数的生命，为这个世界带来了无限可能。如果把绿色植物比作地球的一件衣服，那么五颜六色的花朵无疑是这件衣服上最好的装饰品！花朵的存在不仅只是让人们欣赏它的"美"，花粉经蜜蜂采集加工后制成的蜂花粉，是来自大自然的天然佳品，对人体有诸多益处，从古至今都深受人们的喜爱。花粉美容养颜的功能更是备受女性追捧，是女性心目中美容养颜的绝佳之选[1]！花朵不仅能点缀山河，它产生的花粉也是美容养颜的上品。

自古以来，花粉都备受人们的青睐，花粉藏在春天盛开的花朵里，花粉藏在小蜜蜂满载而归的"背包"里，花粉也藏在古人的诗词里。在我国古代最早的医学著作《神农本草经》一书中，就将松黄（松花粉）、蒲黄（香蒲花粉）列为上品，认为长期食用可以强身、益气、延年。除此之外，李时珍的《本草纲目》中，也提到松黄有润心肺、益气除风、止血的功效[2]。著名的唐朝诗人李商隐与花粉之间也有过一段奇妙的缘分，李商隐患有黄肿，多次求医无果，后来因食用蜂花粉而病情好转[2]，因此，他写下了："栎林蜀黍满山岗，穗条迎风散异香。借问健身何物好？天心摇落玉花黄。"的绝美诗句，来赞美蜂花粉的神奇疗效[2]。北宋文学家欧阳修曾用花粉酿造了一种"健身益寿"酒，也题诗一首："我有一樽酒，念君思共倒。上浮黄金蕊，送以清歌袅。为君发朱颜，可以却君老。"[2]花粉与古人的缘分源远流长，它不仅在中国古代留下了浓墨重彩的一笔，在国外也曾获得了"植物生命精华""完全营养型食品""永葆青春的健康源泉"等美誉[3]。

　　花粉是繁育器官——花中的雄配子体，是浓缩的精华，它们体积较小，颜色大多呈淡黄色或淡棕色。按传粉媒介划分，花粉主要分为风媒花粉和动物媒花粉两类。风媒花粉是靠风力进行传播，动物媒花粉是靠蜜蜂、蝴蝶、蚂蚁等昆虫以及一些小型鸟类传播。我们在日常生活中食用的花粉多为动物媒花粉，是由蜜蜂采集的植物花粉加上蜜蜂自身的分泌物、唾液形成的不规则扁圆形团状物[4]，是一种药用价值和营养价值兼备的天然保健品，不仅含有多种生物活性物质，同时还具备生命所需的各种营养成分。花粉细胞一般比动物细胞小，直径通常为15～50微米，这微小躯壳中不但蕴含了丰富的生命遗传密码，还储存了孕育新生命所需的各种营养物质。美国著名的营养学家和保健学家帕夫埃罗拉博士曾赞叹道："花粉是自然界最完美、含营养成分最丰富的食物，它不仅能增强人体抵抗疾病的能力，同时能加速病后的复原能力。"[5-7]然而在生活中，我们时常听到有人花粉过敏、食用花粉食品中毒等相关报道，所以，并不是所有花粉都对我们友好，花粉也会对人体造成很大的伤害，那么，哪些花粉对人体是有益的，哪些花粉对人体是有害的呢？

第一节　有益花粉

1. 花粉的营养价值

"花粉虽小，营养俱全。"小小的花粉中蕴含着丰富的人体所需营养物质，花粉中所含有的营养成分并不完全相同，这取决于植物的种属。一般干燥花粉内含有22种氨基酸，氨基酸的含量比蛋类、奶类、肉类高出8倍。除此之外，花粉内还含有碳水化合物、优质蛋白质、水分、脂肪、矿物质[6]（见表3-1）。而且，花粉中的营养物质具有高度平衡性和相应的生物学效应。花粉也凭借富含营养物质的优点受到人们的青睐，从古至今，人们都有食用花粉的习惯。

表 3-1　花粉中所含人体所需营养成分的占比

营养成分	占比
碳水化合物	40%~50%
优质蛋白质	20%~30%
水分	15%~25%
脂肪	5%~10%
矿物质	2%~5%

（1）果糖

果糖是一种单糖，容易被人体吸收利用。果糖在花粉中含量较多，而且果糖与白砂糖相比，在吸收利用的过程中，果糖可减轻肠胃负担，不仅节省了蛋白质的分解消耗，而且不会把多余的糖转变为脂肪储存在人体内导致肥胖[6]。

（2）人体所需的金属元素和维生素

花粉中含有人体所需的矿物质约有14种，即铁、铜、锌、锰、钴、铬、钼、锡、钒、氟、镍、硒、碘、硅，此外，还含有多种维生素、有机酸、无机盐、生长素等[6]。不同的微量元素在人体内都发挥着不可忽视的作用。虽然这些微量元素在人体内的含量少，但它们是人体不可或缺的物质。各种微量元素和维生素在花粉内的含量要比一般的食物含量高出许多，一般情况下，食用少量的花粉就能为人体提供对这些物质整天的需求量。

（3）独特的酶和辅酶

花粉中含有积极参与人体代谢活动的酶和辅酶两种活性物质，具有良好的健身和美容功效以及独特的生理调节功能，可促进人体营养平衡吸收[6]。这些酶和辅酶在化妆品的制作过程中发挥着重要作用，可以减缓皮肤细胞的衰老，还可以增加皮肤的弹性，因此，花粉也通常是化妆品制作原料之一。

2. 花粉的食用功能

花粉是来自植物对人类的馈赠，是一种纯天然的绿色营养品。蜜蜂采集的混合花粉中含有22种人体所需氨基酸，如色氨酸、赖氨酸、谷氨酸等；还含有生长素、抗生素、糖分，以及铜、铁、锌、钙等人体所必需的微量元素[5]。这些营养物质均容易被机体吸收，不同花粉食品在人体中的营养功效取决于花粉中各种营养成分的占比。除市售的各种花粉食品外，金针菜花粉、桂花花粉、韭菜花花粉等均对人体有益，这些花粉被认为具有保健作用[5]。20世纪50年代，美国将花粉投入食品生产中[8]；日本、加拿大等将花粉作为合法的食品添加剂添入口香糖、胶丸等食品的制作配方中[8]。近年来，人们对花粉的研究应用也有了很大的提升，目前，花粉的应用不仅限于食品领域，在医药领域也有了广泛的应用范围，如花粉制剂、花粉胶囊等。这些药物载体要比一般的传统药物更容易被机体吸收利用。

3. 花粉的药用功能

（1）抗肿瘤作用

人体免疫系统是人体健康的天然屏障，免疫细胞活性的增强有利于抵抗各种病毒、细菌的感染，加快病人身体的恢复，一定程度上还可以抵抗癌症。花粉中的多糖能提高T淋巴细胞活性，保护免疫器官，调控血管内皮生长因子水平，间接促进肿瘤细胞凋亡，抑制肿瘤细胞的分裂增殖。这一点在红花蜂花粉多糖组分PBPC Ⅰ对肝癌小鼠的抑癌作用实验中被证实有一定效果[10]。

花粉的食用方法

生活小贴士

①直接食用，先把干花粉引入口中，用温开水送服（注：温开水水温一般不高于40℃，温度过高会破坏花粉降低其营养价值），此外，花粉胶囊、花粉片剂、复方花粉制剂、花粉口服液等加工产品，也是直接食用。②混合食用，将花粉与蜂蜜（或白砂糖）按一定的比例［1∶（1~2）］搅拌，此法可降低原花粉的异味增加口感，再用温开水送服。③可将花粉放入牛奶、饮料中同饮，也可浸酒同饮或撒在凉拌菜上食用。食用时间最好是每日饭前空腹食用，容易吸收。若用于治疗疾病，应持续食用一个疗程（15~30天）才可能有效果，有些疑难病甚至要持续食用数月或更长的时间，如果用于一般的保健，则不必严格按上述的要求[9]。

（2）调节神经系统，促进睡眠

人类中枢神经系统是人体最重要的部分，它控制着人体的一切思维和行动，丰富的营养供应是中枢神经系统正常运转的必要条件。花粉中含有神经酸，神经酸是一种新型不饱和脂肪酸，能有助于恢复神经末梢活性，促使神经细胞生长发育，改善脑功能，增强理解和思维能力[11]。

（3）调节肠胃功能

花粉中含有抗菌、抗病毒作用的物质，对沙门氏菌、大肠埃希菌、伤寒沙门菌等有良好的杀灭作用[12]。花粉能使胃肠道蠕动和回、结肠的张力增加，促排便；还可增加食欲，改善肠胃吸收促进消化；对慢性胃炎、胃溃疡等有明显的改善作用。

（4）保护心脑血管系统

花粉中的芸香苷和原花青素能增加毛细血管强度，对心血管系统起到良好的保护作用，能够有效预防脑卒中，防治毛细血管通透性障碍、脑溢血、视网膜出血等[12-13]。

（5）调节内分泌系统

内分泌系统是调控生物体内各项生理活动和生理功能正常运作的信息传递系统，由内分泌腺体和内分泌组织所构成，内分泌腺分泌的激素进入血液，起到调节组织器官的作用。花粉能促进内分泌腺体的发育，并提高内分泌腺的分泌功能[13]。

（6）防治肝病

"脂肪肝"一词在生活中并不少见，它是由于脂肪在肝上沉积形成的。花粉中的黄酮类化合物可以起到防止脂肪在肝上沉积的效果，对肝脏起到了良好的保护作用[12]。乙型肝炎患者因为免疫应答低下，药物不易清除乙肝病毒，成为肝病难以治愈的根本原因。花粉是一种广谱的免疫增强剂，利用花粉防治肝病，是通

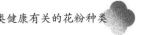

过提高患者的免疫功能为基础的多种机制，以达到治疗的目的[14]。

（7）延缓衰老

古往今来，时间一直令无数能人志士着迷又充满恐惧，它是我们生活的三维空间中的其中一个维度，承载着我们的生命活动。从小我们就知道"寸金难买寸光阴"，我们短暂的生命在无限的时间长河中就是一朵渺小的浪花，为了延续浪花的绚丽，在我国古代，小到平民、大到秦始皇都曾追逐过那虚无缥缈的长生。而现代医学研究发现，野芙蓉花粉中含有大量的生物黄酮，其含量在所有已知含有生物黄酮的花粉中是最高的。生物黄酮被认为可以延长女性青春期，减轻女性更年期综合征[15]，在一定程度上具备了延缓衰老的功效。

4. 花粉的美容功效

爱美是人类的天性，随着社会经济水平的不断发展，人们也更愿意花钱美容护肤。皮肤的活力和它的新陈代谢速度有关，通常，小孩子和年轻人皮肤代谢的速率要比中老年人快，这也就是为什么中老年人容易长皱纹和斑的原因。花粉可以促进皮肤的新陈代谢，增强皮肤的活力，从而帮助皮肤抵抗外界不良环境的影响。皮肤上各种黄褐斑、雀斑、皱纹等都与外界环境的影响有关，如紫外线、水质等因素。花粉中的活性物质可以使皮肤细腻滋润，从而起到美容作用。花粉中的多种营养成分对人体皮肤有特殊的功效，如氨基酸就容易被皮肤吸收，这是皮肤角质层中天然湿润因子成分，它可使老化和硬化的皮肤恢复水合性，保持皮肤的滋润和健康。胱氨酸和色氨酸，能极大地补充皮肤生长所需要的多种胶原蛋白质，使皮肤丰满细腻，富于弹性，从而有效地减少皮肤皱纹[16]。

近代，世界各国化妆品领域也对花粉进行了大量的研究和开发，许多以花粉为原料或辅料的化妆品应运而生，如花粉蜜、蜂花净洗液、蜂花护发剂、花粉全浸膏等。我国也有花粉化妆品，如花粉美容霜、花粉香波、花粉营养霜、花粉沐浴露、花粉洗发精、花粉油剂、花粉爽肤宝、花粉眼霜、蜂胶、蜂乳、花粉洗发露、花粉蜂胶美肌平衡霜等[17]。

在古罗马，相传花粉属于"神的食品"，被称为"青春与健康的源泉"。在我国，早在2000多年前的《神农本草经》中，就有关于香蒲和松树植物花粉的记载，并称之为食物中的上品。福建和浙江等省的一些城乡中，至今仍有吃松粉糕和松花团子的传统习惯。国外，有许多民族，至今仍用一些植物花粉，做成各种美味可口的糕点食用。俄罗斯高加索山区老人多长寿，田间随处可见鹤发童颜的百岁养蜂人，他们常年劳作，粗茶淡饭，但都有长期食用花粉的习惯，朴实的养蜂人平时舍不得吃蜂蜜，却常食蜜蜂采来的花粉[18]。这些普普通通的花粉，可能是这些老年人健康长寿的原因之一。

5. 花粉中有益的常量和微量元素

花粉中所含有的钾、钙、镁等物质，对人体健康具有重要作用。钾是维持细胞内外渗透压和酸碱平衡的重要元素，参与人体的能量代谢，维持神经系统和肌肉的正常功能。钙可维持细胞的正常功能，对酶的活性、激素分泌、骨骼的生长发育、牙齿的强健、生物电等都有重要作用。镁是辅酶因子的激活剂，能催化、激活机体300多种酶，可调节能量运输、储存及利用，与蛋白质合成和肌肉收缩相关[19]。

除此之外，花粉中所含有的锌、锰、铁和铜都是人体必需的微量元素。锌与酶的合成和代谢有关，能促进人体的生长发育，辅助抗衰老、抗肿瘤。锰是多种酶活性中心的组分，参与人体多项生理活动，如生长发育、造血、遗传和脂肪代谢等。由它主要参与构成的超氧化物歧化酶，可以增强生物体的活力，减缓衰老[20]。铁能形成血红素，用以运输、储存血红蛋白和肌红蛋白中的氧。铁离子是很多酶的活化因子，具有补血、补气、益肝、补肾等功效，服用花粉有利于益气养阴[21]。铜是人体必需的微量元素之一，缺铜会造成细胞脂质过氧化作用增强而加剧细胞衰老。铜还对铁代谢有影响，可辅助造血。花粉中铜含量较高，赋予了花粉活血养颜及治疗心脑血管疾病的功效。值得注意的是，在多种花粉中，锌、铜元素含量比值均呈现锌高铜低的状态，这与癌症患者血清中锌低铜高的现象相反，因此，花粉有利于调节体内的铜锌平衡，起到抗癌作用[22]。

6. 对人体健康有益的花粉

花粉是一种营养价值极高的纯天然物质，是开花植物雄蕊中的花药所产生的雄性生殖细胞，不同类型植物的花粉形态各不相同[23]。花粉的结构包括散播单元、极性与对称性、形状大小、萌发孔、花粉壁结构以及外壁纹饰等[24]。不同花粉对人体的功效大不相同，各有所异。让我们来认识一下对人体健康有益的花粉有哪些吧！

（1）松花粉

松树（拉丁名：*Pinus* L.，别称：常绿树），松科松属多种植物，分布广。一般适植于多种类型土壤，喜光耐寒旱。冬芽显著，鳞叶单生，幼时线形绿色，后逐渐长成褐色；雌雄同株，孢子叶球单性。大孢子叶球成熟时种鳞张开，颜色由绿、紫逐渐转变为浅或深褐色。

花期：3—6月。

花粉形态：单粒；异极；松型或具气囊型，具两个气囊，气囊位于花粉粒的两侧，中间是本体（中央体），实心；萌发孔1个；直径约40～100微米；外壁网状纹饰[25]。

送给妈妈的礼物

小熊兄弟在森林里玩耍，遇到小花猫正在采野花，五颜六色的花好看极了。小熊们问："小花猫，小花猫，你为什么要采那么多花呀？"小花猫回答说："因为今天是我妈妈的生日呀，我想送妈妈一束花当生日礼物。"说完小猫就急匆匆地跑回家了。小熊们这才想起来，过几天就是熊妈妈的生日了，想到妈妈一直为兄弟俩操劳，皮肤和身体状态都大不如前了。熊弟弟提议去森林商店给妈妈买化妆品，可是兄弟俩哪儿有钱呀，这时，哥哥想起来森林里无所不知的大象爷爷，或许可以问问大象爷爷的意见呢！来到大象爷爷家，大象爷爷听完兄弟俩的心事后思考了一会儿说道："你们可以去给妈妈采一些松花粉呀！"小熊兄弟疑惑地问道："为什么是松花粉呢？"大象爷爷说："哈哈，这你们就不知道了吧！松花粉有美容护肤作用，刚开始源于唐代张沁的《妆楼记》，记述了晋代白州双角山下有口'美人井'，凡饮此井水之女，无不天生丽质。其奥妙在于井的周围长满松树，每年春末，松花粉飘落井中，长年累月，井中沉积了很多的松花粉，常饮此水可使容颜娇丽。花粉中含有多种营养素，是人体美容的物质基础，花粉还含有脂肪酸剂芳香类物质，有保护皮肤的作用。松花粉能很好地调节人体的内分泌系统，服用松花粉，能使皮肤洁白，红润有光泽[28]。"小熊兄弟不禁感叹道："原来松花粉还有那么神奇的功效！我们这就出发给妈妈采一些松花粉！"

小白老师小课堂：红松花粉可以治疗湿疹、黄水疮、皮肤糜烂、创伤出血、尿布性皮炎、保护婴儿皮肤。花粉中的维生素可以增强老年人的皮肤代谢，也有对皮肤瘙痒症、青春痘的特殊疗效。花粉中的活性物质，如维生素A可滋养毛孔，维生素B_6可改善毛细血管功能，促进血液将营养送达皮肤层，改善皮肤品质；核酸素可以促进饱和脂肪酸的代谢，使皮肤不再油腻，减少青春痘的发病机会；红松花粉含有其他维生素B、维生素C和微量元素硒，可使头发亮丽；红松花粉中还富含清除自由基和抗氧化的物质，可使脸上的黄褐斑及蝴蝶斑褪除；红松花粉中还含有大量的卵磷脂，可燃烧过量的脂肪，起到减肥的作用[28]。

松花粉保健品因其独有的营养价值及功效深受老年人的喜爱和欢迎，有"花粉之王"的美称，在中国医学宝库中亦占据不可替代的地位，在药用食用方面具有悠久的历史。古今医药典籍的记载及大家名流的重要论述表明，松花粉具有神奇功效。其中，药名为松花、松黄的松花粉，主要是松科植物马尾松、油松或同属其他植物于春季花刚开时采摘花穗晒干收集，除去杂质所得的淡黄色细花粉。其性味甘、平、无毒，始载于唐代的《新修本草》中[26]。松花粉功效繁多，最常见的有增强机体免疫力、调节人体内血糖和血脂的代谢、抑制前列腺增生、改善消化系统功能、保护肝脏、抗疲劳、抗肿瘤、抗炎症等[27]。上述的多种功效或许只是松花粉这一宝藏药材中的冰山一角，它还有很多营养价值值得我们去探寻。

图 3-1 云南松（陆露 摄）

（2）玉蜀黍花粉

图 3-2　玉蜀黍（戴欣好　摄）

玉蜀黍（拉丁名：*Zea mays* L.，别称：玉米、苞谷、苞米棒子、珍珠米），禾本科玉蜀黍属植物[29]，原产于中美洲和南美洲，是重要的粮食作物，广泛分布于美国、中国、巴西和其他国家[29]。秆直立不分枝，基部节上着生气生支柱根；叶鞘横脉，叶片宽大披针形；雄花序大型圆锥状顶生，雌花序由鞘状苞片包藏，雌、雄小穗孪生，内、外稃透明膜质；颖果球形或扁球形。

花期：秋季。

花粉形态：单粒；异极；多数为近球形和长球形，少量呈扁球形和超扁球形；萌发孔1个；直径约51～100微米；外壁小刺状纹饰[30]。

玉米花粉营养丰富，富含可溶性糖和蛋白质；同时，含有的氨基酸高达17种，有8种为人体必需；含有20多种矿物质和10多种维生素；还含有抗生素、生长激素、核酸、有机酸和黄酮类化合物等天然活性物质[31]，具有防治高血压及心血管疾病的功效[32]。

玉米花粉在医药工业中的应用

瑞典科学家率先在国际上把花粉制成药品，他们把猫尾草、玉米、黑麦、榛子、水杨、法兰西菊和松等7种花粉混合后制成药品，专治前列腺疾病，其商品名叫舍尼通（Cernilton）。我国以花粉为原料的成药有：前列康（天然油菜花粉，治疗前列腺疾病，产自浙江）、心可乐（治疗冠心病，产自湖南）、花粉片（治疗前列腺、贫血、神经衰弱，产自江苏）、前列康片（天然油菜花粉，治疗前列腺疾病，产自云南）、花粉片（治疗贫血、胃肠病、神经衰弱，产自安徽）等5种药品[31]。

（3）莲花粉

莲（拉丁名：*Nelumbo nucifera* Gaertn.，别称：荷花），莲科莲属植物，一般分布在亚热带和温带地区，喜生长于静水的湖泊、沼泽、池塘等地，喜光不耐阴。地下茎（莲藕）长而肥厚，叶片盾状圆形；单生，花瓣多数，果期花托膨大，聚合坚果；种子卵形。

花期：6—8月。

花粉形态：单粒；等极；近球形；萌发孔3个；直径约26～50微米；外壁脑纹状或脑纹状纹饰[33]。

莲花粉富含氨基酸，如天门冬氨酸、谷氨酸、亮氨酸等，以及少量的色氨酸、胱氨酸、蛋氨酸及组氨酸等，还含有脂肪酸和矿物质，矿物质的含量因地域土壤和水质的不同具有差异[34]。据相关网络报道，花粉可以美容养颜、延缓衰老、固精止遗、养心安神、收涩止血、排毒祛斑，是保养滋补美容的佳品，适合女性服用，同时兼具减肥疗效。

图 3-3　莲（鞠鹏　摄）

（4）刺槐花粉

刺槐（拉丁名：*Robinia pseudoacacia* L.，别称：洋槐），豆科刺槐属植物，原产北美洲，现广泛引种到欧亚等地栽培。树皮灰褐色至黑褐色，浅裂至深纵裂，稀光滑，树皮厚；具托叶刺；花白色，香，穗状花序；荚果，每个果荚具种子2~15粒。

花期：4—6月。

花粉形态：单粒；等极；长球形；萌发孔3个；直径约25~40微米；外壁光滑或穿孔状纹饰[35]。

刺槐花粉蛋白质含量可高达45％，是牛肉的1.6倍、鸡蛋的3.45倍、虾的2.36

倍、小麦的4.2倍、玉米的5.33倍[36]。刺槐花粉是一种健胃剂和镇静剂,可软化血管,防止高血压、动脉硬化和静脉扩张[37],提神益智,改善睡眠等[32]。

（5）山楂花粉

图 3-4　云南山楂（陆露　摄）

山楂（拉丁名：*Crataegus* L.,别称:山里红、山林果）,蔷薇科山楂属植物,广泛分布于中国各地,朝鲜和俄罗斯西伯利亚亦有分布,是中国著名的药食兼用树种。生长于山坡林边或灌木丛中,喜凉爽、湿润的环境,耐寒又耐热。叶片三角状卵形,稀棱状卵形,两侧有羽状深裂片,裂片卵状披针形;梨果。

花期: 5—6月。

花粉形态: 单粒;等极;长球形;萌发孔3个;直径约29～42微米;外壁脑纹状或条纹状纹饰[38]。

山楂花粉可作强心剂[39],是一种神经系统平衡剂和止痛剂,可用于治疗头痛目昏和血液循环功能紊乱等[40],还可以养胃健脾,调节肠胃功能[32]。

（6）益母草花粉

益母草（拉丁名：*Leonurus japonicus* Houtt.），唇形科益母草属植物。广泛分布于中国各地。一年或二年生草本。生长于山野荒地、田埂、草地等。叶形多种，具长柄；花冠唇形；小坚果褐色。

花期： 6—9月。

花粉形态： 单粒；等极；长球形、近长球形、近球形；萌发孔3个；直径约15～34微米；外壁网状或穿孔状纹饰[41]。

益母草花粉能调经活血，主治妇女月经不调、妇科疾病等，并能清热、活血、消瘀[32, 42]。

益母草之功效

《本草纲目》记载："益母草之根、茎、花、叶、实，并皆入药，可同用。若治手、足厥阴血分风热，明目益精，调女人经脉，则单用茺蔚子为良。若治肿毒疮疡，消水行血，妇人胎产诸病，则宜并用为良。盖其根、茎、花、叶专于行，而子则行中有补故也。" [43]

（7）西瓜花粉

西瓜［拉丁名：*Citrullus lanatus* (Thunb.) Matsum. et Nakai］，葫芦科西瓜属植物。一年生蔓生藤本。茎、枝粗壮，具明显的棱沟；卷须具短柔毛，叶柄粗，表面柔毛附着；叶片三角状卵形，白绿色，两面具短硬毛，叶片基部心形；雌雄同株；果实球形或椭圆形，富含果汁，果皮光滑，色泽及纹饰因品种不同而有所差异；种子嵌于果实中，一般黑色或红色，数量多、卵形、两面平滑[44]。

花期： 夏季。

花粉形态： 单粒；等极；球形；萌发孔3~4个；直径约50~60微米；外壁网状纹饰[45]。

西瓜花粉富含维生素C和维生素B$_1$[1]；西瓜汁含具有皮肤生理活性的氨基酸（瓜氨酸、丙氨酸、谷氨酸等）、糖类、维生素、矿物质等营养物质，这些物质容易被皮肤吸收，可以滋润、增白面部皮肤，增强皮肤弹性，增添面部光泽，美容养颜[46]。同时，西瓜富含钾元素，夏天食用可迅速补充随汗水流走的钾元素，避免引起肌无力和疲劳等[46]。西瓜利尿并对黄疸有一定疗效，西瓜中富含水分，食用后可以增加排尿量从而减少体内胆色素含量，还可以润肠通便[47]。西瓜花粉清热解暑，外治口舌生疮[1]，还能防治高血压及心血管疾病[32]。

（8）油菜花粉

欧洲油菜（拉丁名：*Brassica napus* L.），十字花科芸薹属植物。一年生或多

图3-5　欧洲油菜（李依容　摄）

年生草本，茎直立、少分枝；中、上部茎生叶由长圆形、椭圆形渐变为披针形，

基部心形，抱茎；长角果为线形；种子呈球形，黄棕色，近种脐处常呈现黑色，有网状巢穴。

花期：3—4月。

花粉形态：单粒；等极；长球形或近球形；萌发孔3个；直径约17~25微米；外壁网状纹饰（沟区颗粒状）[48]。

油菜花粉富含人体所需的营养物质，被称作微型营养库，具有抗癌、抗肿瘤、调血脂、抗辐射、防治前列腺疾病等药理学作用[49]。有研究发现，油菜花粉的活性成分具有良好的护肝作用[50]，并能促进血液微循环、排毒养颜[51]。

（9）虞美人花粉

虞美人（拉丁名：*Papaver rhoeas* L.），罂粟科罂粟属植物。一年生草本。叶片羽状分裂，裂片披针形，叶片轮廓呈披针形或狭卵形；蒴果宽倒卵形，无毛，具不明显的肋；种子数量多，呈肾状长圆形。

图3-6　虞美人（李依容　摄）

花期：3—8月。

花粉形态：单粒；等极；球形；萌发孔3个；直径约20～30微米；外壁均匀被小刺，小孔穿孔状纹饰（沟区颗粒状）[52]。

虞美人花粉含有人体8种必需氨基酸、18种游离氨基酸、4种脂肪酸、8种维生素、可溶性糖等[53]，具有镇定安神，治咳嗽、支气管炎、百日咳等功效[53]。研究表明，虞美人花粉既可作人体的滋补剂，也可防止肥胖[53]。

（10）芝麻花粉

芝麻（拉丁名：*Sesamum indicum* L.），芝麻科芝麻属植物。一年生直立草本。花单生或2～3朵共生于叶腋内，花萼裂片披针形，被柔毛，花冠筒状，白色而常伴黄色或紫红色彩晕，雄蕊4，被柔毛[54]。

花期：夏末秋初。

花粉形态：单粒；等极；球形或长球形；萌发孔多个；直径约15～25微米；外壁网状纹饰[55]。

芝麻花粉富含氨基酸、卵磷脂、维生素等人体所需营养物质，并含有6种常量元素和22种微量元素。其中，镍和铬高于其他花粉，镁、铝、硅含量也较高，具有美容、护发、调节血糖、延缓衰老的功能[56]。

（11）蒲公英花粉

蒲公英（拉丁名：*Taraxacum mongolicum* Hand.-Mazz.），菊科蒲公英属植物。多年生草本。头状花序，总苞钟状；瘦果倒卵状披针形，暗褐色，长冠毛为白色。

图 3-7 蒲公英（陆露 摄）

花期：4—9月。

花粉形态：单粒；等极；球形；萌发孔3个；直径约20～25微米；外壁脊状突起，刺状–大穿孔状纹饰[55]。

蒲公英花粉对机体物质代谢和生理具有重要作用，其微量元素大多是酶或辅酶的组成成分。富含铁、镁、聚硼、聚锌，而铅、锂有害元素含量低，是一种极佳的药用和保健营养品[57]，还可以利尿、治疗前列腺疾病、固肾壮腰[32]。

（12）枣花粉

枣（拉丁名：*Ziziphus jujuba* Mill.），鼠李科枣属植物。落叶小乔木，稀灌木。花为黄绿色，两性，无毛，具短总花梗，单生或密集成腋生聚伞花序。

花期：5—7月。

花粉形态：单粒；等极；扁球形；萌发孔3个；直径约20～25微米；外壁条纹

状至脑纹状纹饰[55]。

枣花粉促性腺激素及维生素的含量较高，用于恢复正常生殖功能，提高生育能力，可防止肌肉萎缩[1]，还可以利尿、治疗前列腺疾病、固肾壮腰[32]。

（13）栗树花粉

栗（拉丁名：*Castanea* Mill.），壳斗科栗属多种植物。乔木或灌木。多分布于北半球温带地区。叶片椭圆或长椭圆状，边缘有刺毛状齿；雌雄同株，雄花为直立柔荑花序，雌花单独或数朵生于总苞内；坚果，1～7个包藏在密生尖刺的总苞内。

花期：5—6月。

花粉形态：单粒；等极；扁球形；萌发孔3个；直径约20～25微米；外壁条纹状至脑纹状纹饰[55]。

栗树花粉中含有大量对人体有益的活性物质，具有良好的保健功能。黄酮类化合物的含量较高，具有提高免疫力、延缓衰老、改善血液循环、降血糖、降血压、降低胆固醇含量、抗炎镇痛等一系列生物学功能[58]。同时，栗树花粉还含有酚类化合物和类胡萝卜素，具有重要的生物活性，可预防某些疾病[59]。例如，麻疹、肩周炎引起的肩膀僵硬，以及过度劳累[60]。板栗花粉既可利尿、治疗前列腺疾病、固肾壮腰，又可养胃健脾、调节肠胃功能；欧洲栗花粉则可养肝明目，润肺止咳化痰[32]。

（14）黑莓花粉

黑莓（拉丁名：*Rubus* L.），蔷薇科悬钩子属多种植物。灌木，树莓类。通常二年生。茎直立或攀缘，有刺；叶为三出或掌状复叶，有3～5片小叶，小叶宽，椭圆形，有柄，叶缘粗齿裂，多数叶宿存越冬；花白色或粉红色；果为聚合核果，花托膨大多汁，上着生黑色或红紫色小果。

花期： 4—5月。

花粉形态： 单粒；等极；球形至长球形；萌发孔3个；直径约20～35微米；外壁穿孔状、刺状、条纹状至脑纹状纹饰[55]。

黑莓花粉含有人体所必需的维生素C、维生素E等营养物质[61]，可用于一般补剂，有治疗腹泻、痢疾的功效。

（15）矢车菊花粉

矢车菊（拉丁名：*Cyanus* Mill.），菊科疆矢车菊属多种植物。一年生或二年生草本。茎枝灰白色；基生叶；顶端排成伞房花序或圆锥花序，总苞椭圆状，盘花，蓝色、白色、红色或紫色；瘦果椭圆形。

花期： 2—8月。

花粉形态： 单粒；等极；长球形；萌发孔3个；直径约35～40微米；外壁网状纹饰[55]。

由矢车菊酿制成的蜂蜜具有美容效果，也可以提高人体的免疫力。矢车菊花粉有利尿、抗风湿作用。

（16）菊花花粉

菊花（拉丁名：*Chrysanthemum* L.），菊科菊属多种植物。多年生宿根草本。多分布于亚热带及温带地区。头状花序；瘦果。

栽培种的头状花序较大，按栽培形式可分为独本菊、大丽菊、悬崖菊、艺菊、案头菊、多头菊等，按花瓣的外观形态则可分为圆抱、退抱、反抱、乱抱、露心抱、飞舞抱等。

花期： 5月至次年1月（因种而异）。

花粉形态： 单粒；等极；球形；萌发孔3个；直径约27～35微米；外壁大刺-小穿孔状纹饰[55]。

菊花花粉可以清热降火，平肝明目，促进皮肤新陈代谢，延缓衰老[32]。另外，万寿菊花花粉富含包括天然维生素E在内的多种维生素、胡萝卜素和黄酮类化合物，能疏风清肝，有效抑制脂肪肝发生，增强机体耐缺氧能力[62]。

图 3-8　菊花（陆露　摄）

（17）荞麦花粉

图 3-9 荞麦（陆露 摄）

荞麦（拉丁名：*Fagopyrum esculentum* Moench），蓼科荞麦属植物。一年生草本。茎直立，上部分枝，绿色或红色，具纵棱，无毛或于一侧沿纵棱具乳头状突起；叶三角形或卵状三角形，鞘膜质托叶短筒状；花序总状或伞房状，顶生或腋生；瘦果卵形，具3锐棱，顶端渐尖。

花期：5—9月。

花粉形态：单粒；等极；长球形；萌发孔3个；直径约40~55微米；外壁网状纹饰[63]。

荞麦花粉中含有大量的粗蛋白和矿物元素，如铁、钾、硒等，还含有氨基酸和黄酮类物质[64]。芸香苷含量较高，对毛细血管壁具有较强的保护作用，可防止流血和出血，减少血液凝固所需要的时间[56]，有抗贫血的功效[65]。具有增强毛细血管弹性和强度、软化血管、降低胆固醇、促进创伤愈合、强心和抗动脉粥样硬化作用，被认为有防治心脑血管疾病、前列腺疾病、消炎的功效[56]。

（18）苹果花粉

苹果（拉丁名：*Malus pumila* Mill.），蔷薇科苹果属植物。乔木，多具圆形树冠和短主干；叶片椭圆形、卵形至宽椭圆形。苹果是著名的落叶果树，果中之王，经济价值极高。全世界栽培品种总数在1000种以上。

花期：5月。

花粉形态：单粒；等极；长球形；萌发孔3个；直径约26～35微米；外壁条纹状纹饰[55]。

苹果花粉中含有大量的谷氨酸、亮氨酸、甘氨酸等氨基酸，可改善睡眠，滋补肾阴、调理肝阴，有清热解渴、健胃除湿、和胃安眠等功效[66]。同时，还能提高心脏收缩能力，增强心脏功能、抗脑卒中和心肌梗死，有抗衰老的作用[1]。另外，还有美容养颜的作用[32]。

（19）椴树花粉

椴树（拉丁名：*Tilia tuan* Szyszyl.），锦葵科椴属植物，分布于北温带和亚热带地区。乔木。树皮灰色，直裂；小枝光滑无毛；叶卵圆形；聚伞花序无毛；苞片狭窄倒披针形，萼片长圆状披针形，被绒毛，内面有长绒毛；果实球形，被星状绒毛。

花期：7月。

花粉形态：单粒；等极；扁球形；萌发孔3个；直径约30～35微米；外壁细网状纹饰[55]。

椴树花粉含有丰富的常量和微量元素，如对人体有益的钾、钠、钙、镁、铁、锰、锌等微量元素，而对人体有害的镉、铬、铅等元素含量较低[67]。钙有助于提高人体的各种功能；钾可维持人体酸碱平衡以及参与能量代谢和维持神经肌肉的正常功能；镁有利于体内酶的合成，提高酶的活性；锰具有增强造血功能，促进生长发育，增强免疫力，抗衰老和预防癌症等作用[68-71]，可提神益智、改善睡眠[32]。

（20）南瓜花粉

南瓜（拉丁名：*Cucurbita moschata* Duchesne），葫芦科南瓜属植物。原产中美洲，目前世界各地均有栽培。一年生蔓生草本。茎常节部生根；叶柄粗壮，叶片宽卵形或卵圆形，卷须稍粗壮；雌雄同株，单性花，瓜蒂扩大成喇叭状，瓠果，果梗粗壮，具棱和槽；种子多数，长卵形或长圆形。

花期：5—7月。

花粉形态：单粒；等极；球形；萌发孔多个，具孔盖；直径约30~35微米；外壁细网状纹饰[55]。

南瓜花含有蛋白质、脂肪、糖类、B族维生素、酶类、抗生素等物质，还有人体所需要的微量元素，能预防幼儿贫血、慢性便秘、肠道疾病、高血压、卒中等疾病[72]。

（21）柚花粉

柚［拉丁名：*Citrus maxima* (Burm.) Merr.］，芸香科柑橘属植物。原产东南亚，中国大部分地区均有栽培。乔木。幼枝扁具棱；单身复叶幼叶通常暗紫红色，叶革质，色浓绿；总状花序，有时兼有腋生单花，花蕾淡紫红色，稀乳白色，花萼不规则浅裂；柑果，球形、扁球形、梨形或阔圆锥状，果皮海绵质，油胞大，凸起；种子多数。

花期：4—5月。

花粉形态：单粒；等极；扁球形；萌发孔6个；直径约36～40微米；外壁网状纹饰[73]。

柚花中含有挥发油、黄酮类等药用化学成分，具有抗菌活性、抗寄生物、抗氧化、抗炎、镇痛、抗肿瘤等药理活性，对心血管具有保护作用[74]。柑橘属中的橙子花粉可以养胃健脾，调节肠胃功能[32]。

（22）薰衣草花粉

薰衣草（拉丁名：*Lavandula angustifolia* Mill.），唇形科薰衣草属植物。半灌木或矮灌木。老枝皮层条状剥落；叶线形或披针状线形，干时灰白色或橄绿色，簇生；轮伞花序，在枝顶聚成穗状花序，花具短梗，蓝色，密被灰色，花萼卵状管形或近管形，唇形花冠；小坚果椭圆形，光滑。花、叶和茎上的绒毛均分布油腺，全株带香气。

花期：6月。

花粉形态：单粒；等极；球形；萌发孔4个；直径约34～40微米；外壁蜂窝状纹饰[55]。

薰衣草花具有兴奋、利尿、增进食欲等效用。其精油有镇静催眠、解痉、治疗心血功能不全的作用。薰衣草花粉则能养胃健脾，调节肠胃功能，还能提神益智，改善睡眠[32, 75]。

（23）樱桃花粉

樱桃（拉丁名：*Prunus* L.），蔷薇科李属多种植物。全世界栽培樱桃主要有4种，即樱桃（*Prunus pseudocerasus* Lindl.）、欧洲甜樱桃［*Prunus avium*（L.）L.］、欧洲酸樱桃（*Prunus cerasus* L.）和毛樱桃（*Prunus tomentosa* Thunb.）[76]。小乔木或灌木，分枝多；顶芽常缺，腋芽单生有数枚覆瓦状排列鳞片，叶片卵形、椭圆形或长圆状卵形，在叶片基部边缘或叶柄顶端常有2小腺体，托叶早落；花单生或

2~3朵簇生，花瓣覆瓦状排列；核果近球形或卵球形，呈红色至紫黑色；核有沟或皱纹。

花期： 3—5月。

花粉形态： 单粒；等极；扁球形或球形；萌发孔3个；直径约45~55微米；外壁条纹状或脑纹状纹饰[55,77-78]。

樱桃花粉中绿原酸含量较高，能够提高毛细血管的韧性和通性，还能影响肾功能及通过垂体调节甲状腺功能，是天然的利尿剂，可以防止血尿。可维持蛋白质、脂肪、糖三大物质的代谢平衡。

（24）玫瑰花粉

玫瑰（拉丁名：*Rosa rugosa* Thunb.），蔷薇科蔷薇属植物。落叶灌木。枝干多皮刺；奇数羽状复叶，小叶椭圆形，有边刺；花单生于叶腋，或数朵簇生，花瓣倒卵形，重瓣至半重瓣，芳香，花色以白色、粉色、红色为主。

花期： 5—6月。

花粉形态： 单粒；等极；球形；萌发孔3个；直径约26~30微米；外壁条纹状或脑纹状纹饰[55]。

玫瑰花能够杀菌消炎、滋养肌肤、改善体质、减缓疲劳，同时，对肝和胃都有一定的调理养护作用[79]，野玫瑰花粉可美容养颜、抗衰老[32]。

另外，蜜蜂会采集一些蜜源植物的花粉，混入花蜜和分泌物后形成花粉团，制成蜂花粉，有很多种蜂花粉都对人体健康有益，具有不同的医疗保健作用。例如，茶树蜂花粉有改善微循环、散风清热、美容养颜、改善睡眠、利尿通便等功效；油菜蜂花粉有抗动脉粥样硬化、治疗静脉曲张性溃疡、前列腺疾病及便秘等功效；荷花蜂花粉具消暑祛湿、美容养颜、健脾补肾、延缓衰老、固精止遗等功效[1]。

图 3-10　玫瑰（李依容　摄）

　　花粉是大自然赐予的天然佳品，千百年来，深受人们的喜爱，可使人青春、健康、靓丽，尤其深受女性的追捧，是女性心目中美容、保健的佳选！花粉对人类如此有益，但是，花粉是把"双刃剑"，它也会威胁人体健康，如有毒花粉和致敏花粉。特别是近年来，花粉症的发病率逐渐攀升，所以，这些有毒或是致敏的花粉是不容我们小觑的。下面让我们一起来了解对人体有害的花粉有哪些吧！

第二节　有毒有害花粉

1. 花粉中的有害元素

　　花粉含有多种我们人体所需的微量元素，但一些种类的花粉所含元素超标或有毒性，对人体则不利。所以食用花粉制品时，需要仔细了解花粉的种类和所含成分是否有益健康。另外，不同的体质在身体营养需求上存在着差异，所以在选食花粉时，还要选择适合自己体质的种类，否则得不偿失。

　　对人体有害的重金属元素镉（Cd）、铅（Pb）和汞（Hg）在花粉中的含量均较低或未检出。相对于NY 5137—2002的无公害蜂花粉卫生标准所检测的蚕豆、野菊两种植物花粉样品的铅含量略高于1μg/g的标准值，银杏花粉样品的铅含量相对较高，达到4.77μg/g。大部分植物花粉的铝含量都较高，普遍在100μg/g以上，尤其是松花粉，高达416.7μg/g[80]。所以在食用花粉时，我们应该节制并食用绿色健康的花粉！

2. 花粉症

　　花粉是种子植物的微小孢子堆，通过一定的途径到达雌蕊，达到授粉、繁殖的目的。但其传播过程中，对人类影响有利有弊，花粉症便是花粉对部分敏感人群的不良影响结果。花粉症（Pollinosis），俗称枯草热（scasonal allergic rhinitis），又称季节性变应性鼻炎（hay fever）是特异性体质吸入空气中播散的花粉而引发的急性上呼吸道卡他性炎症，具有明显的季节性和区域性[81]。

　　"卡他"（catarrh）一词源于希腊语，卡他性炎是指黏膜组织发生的一种较轻的渗出性炎。常发生于黏膜、浆膜和疏松结缔组织。一般较轻，炎症易于减退。浆液渗出物过多时也有不利影响，甚至导致严重后果，如喉头浆液性炎造成的喉头水肿可引起窒息。

　　花粉症是一种严重困扰人类生活的世界性疾病。随着城市化发展，花粉症在全球各国的发病率逐年攀升，对人类健康和生活质量的负面影响越来越显著。据统计，花粉症的发病率大约为2%。随着经济的飞速发展，工业化水平越来越高，我国花粉症的发病率也在日趋增加[80]。

　　引起花粉症的致敏花粉多为风媒花粉，医学界称之为气传花粉，具有很强的过敏原性。即使是失去活性的花粉颗粒，仍然可能具有致敏性。这类花粉数量大、体积小而轻、不含密质，借助风力可以飘散至数千米以外[80]。过敏性鼻炎患者可以在花粉季节关注地区花粉播报和预报，根据花粉播散量做好防护。花粉浓度高的时候应尽可能减少外出，保持门窗关闭，使用空气净化装置；外出应做好个人防护，包括戴眼镜、口罩等，回家后清扫衣物或更换衣物、洗脸、清洗鼻腔等。

　　花粉过敏原分为春季树木花粉、夏季草花粉、秋季杂草花粉等3类。春季树木花粉包括圆柏、杨树、柳树、槐树、桦树、梧桐、洋白蜡、榆树等植物的花粉；夏季草花粉包括禾本科（如玉米）花粉；秋季杂草花粉包括大籽蒿、灰藜草、豚草、葎草等植物的花粉[89]。

花粉污染的区域性特点

科普小知识

　　植物生长遵循着地理分布规律，具有地域性差异，与当地气候、温度、空气中的湿度以及城镇化发展状况相关。我国地域辽阔，横跨五个气候带，有些植物适宜在许多城市生长，有些则不可。因此，我国各省区城市间，空气中的花粉种类既具有一定比例的相似性，又有显著的地域性差异。豚草、蒿草是长江以南地区各城市广布的致敏花粉，蒿草、葎草是长江以北地区的广布致敏花粉[82]。通过对各城市主要致敏花粉的调查显示，深圳市主要为木麻黄属和苏木科花粉[83]。上海市西南部夏秋季以葎草属、禾本科、菊科花粉为主[84]。湖北省十堰地区为漆树，老河口地区为泡桐，黄石市区和武汉市区为黄杨的花粉[85]。重庆市渝中区为松属、构属、柏属花粉[86]。北京城区为菊科蒿属、桑科葎草属和禾本科花粉[87]。拉萨地区主要为蒿属、竹柏科、荨麻科及禾本科等[88]。一项有趣的研究显示，基于临床学调查一定程度上反映了空气中花粉飘散种类的区域性：有一列火车从内蒙古包头市出发，途经北京、山东、江苏，最后到达浙江省宁波市。每年7月至9月，随着火车的行驶，在这列火车上工作的花粉症患者会表现出"重→轻→消失→轻→重"的症状[82]。

3. 对人体健康有害的花粉

（1）引起花粉症的植物花粉

①柳树花粉

图3-11　垂柳（李依容　摄）

柳（拉丁名：*Salix* L.），杨柳科柳属多种植物。主要包括了垂柳、旱柳、腺柳等。多为灌木，稀乔木。枝圆柱形，无顶芽，合轴分枝；叶互生，多为披针形，羽状脉；葇荑花，一般先叶开放，或与叶同开；雄蕊2至多数，腺体1至2（腹腺与背腺），雌蕊由2心皮组成，柱头1至2，分裂或不裂；蒴果2瓣裂；种子小，多暗褐色。

花期：3—4月。

花粉形态：单粒；等极；扁球形或球形；萌发孔3个；直径约16~25微米；外壁网纹状纹饰[55]。

柳属植物通过柳絮来传播种子，春季在我国东北、西北、华北、华中、西南部分地区散播规模较大。柳一般雌雄异株，其中，雌株所结的蒴果里面包被着白色絮状的绒毛，为种子附属物，这些白色絮状绒毛就是常说的柳絮[90]。作为一种半常绿树种，柳在园林植物造景中应用广泛，是道路绿化、风景区建设和平原湖区造林等的理想树种[91]。柳絮飘飞，喷嚏来袭，相信很多人都不陌生，但殊不知，柳的花粉也同样具有致敏的隐患。由于绿化不当可能会导致其气传花粉数量增加，所以在城市绿化中，要控制好柳这类致敏植物的规模量，从源头上减少气传花粉的数量[90, 92]。

②豚草花粉

豚草（拉丁名：*Ambrosia artemisiifolia* L.），菊科豚草属植物。原产北美，在我国长江流域已归化成为路旁野生杂草。一年生草本。上部有圆锥状分枝，有棱，被疏生密糙毛；雄头状花序半球形或卵形，下垂，在枝端密集成总状花序，小花花冠淡黄色，雌头状花序无花序梗，在雄头花序下面或在下部叶腋单生，或2~3个密集成团伞状，有1个无被能育的雌花；瘦果倒卵形，无毛，藏于坚硬的总苞中。

花期： 8—9月。

花粉形态： 单粒；等极；扁球形或球形；萌发孔3个；直径约18~20微米；外壁刺状纹饰，刺基部宽，有微微隆起的不规则脊[93]。豚草入侵性极强，其原因之一是豚草花粉很少会产生细胞形态异常或核异常而导致败育[94]。

豚草花粉主要通过风力传播，每平方千米的豚草可产生十几吨花粉，产量巨大。花粉粒小而轻，导致花粉易随风飘散，可远至600多千米外；致敏性强，当空气中豚草花粉的浓度达到或超过10粒/立方米时，人们就可能产生过敏反应[95]。

③二球悬铃木花粉

二球悬铃木［拉丁名：*Platanus acerifolia* (Aiton) Willd.，别称：法国梧桐］，悬铃木科悬铃木属植物。二球悬铃木为一杂交种，栽培历史悠久，广泛种植于我国大部分城市或地区。落叶大乔木。树皮光滑，大片块状脱落；嫩枝密生灰黄色绒毛，老枝秃净，红褐色；叶阔卵形，上部掌状5裂，基部截形或微心形；花常4数，雄花萼片卵形，被毛，花瓣矩圆形，雄蕊比花瓣长，盾形药隔有毛；头状果序1~2个，稀为3个，常下垂，坚果。

花期： 4—5月。

花粉形态： 单粒；等极；球形或长球形；萌发孔3个；直径约21~25微米；外壁网纹状纹饰[55, 96]。

悬铃木树形雄伟端庄，叶大荫浓，为著名行道树和庭院树，被誉为"行道树之王"，全球各地广为栽培。该植物的花为典型的风媒花。有研究报道，其花粉所含致敏原主要通过质膜小泡包裹形成微颗粒（subpollen particles，SPPs）的方式被释放。进入空气中的SPPs可通过人体呼吸道进入肺部深处，引发过敏炎症[97]。每年春夏之际，二球悬铃木会散播大量携带花粉和污染物颗粒的飞絮，成为我国南方地区主要的上呼吸道疾病过敏原[97]。通过观察，二球悬铃木花粉是春季花粉症重要致敏原之一，多见于花粉症的诊断和脱敏治疗等临床研究。本树种花粉对人体健康的危害，应当引起医务工作者、园艺工作者、园林绿化工作者的重视。

图 3-12　二球悬铃木（李依容　摄）

④蒿花粉

图 3-13　五月艾（李依容　摄）

　　蒿（拉丁名：*Artemisia* L.），菊科蒿属多种植物。一般为多年生草本，稀灌木。约有350种，主要分布于北半球温带、寒温带至亚热带地区[98]。我国蒿属植物遍布全国，主要分布于东北、华北、西北以及西南地区。常有浓烈挥发性香气；根状茎，常有营养枝，茎具明显的纵棱；叶互生，一至三回，稀四回羽状分裂，常有假托叶；头状花序，基部常有小苞叶，在茎或分枝上排成穗状花序，或穗状花序式的总状花序、复头状花序、圆锥花序，边缘花雌性，子房下位，2心皮，1室，中央花两性，孕育或不孕育（雌蕊退化）；瘦果小，卵形或倒卵形，无冠毛；种子1枚。

花期： 8—9月。

花粉形态： 单粒；等极；球形或扁球形；萌发孔3个；直径约19～25微米；外壁细刺状或颗粒状纹饰[55]。

风媒传粉，稀闭花受粉。夏秋季节，蒿属花粉多在我国北方地区飘散，成为秋季花粉症的主要诱发因素[99-101]。据统计，我国蒿属植物有180多种，主要分布在北方和西南地区，是过敏性鼻炎和气道反应性疾病的主要室外过敏原[102]，是秋季花粉症的主要诱发因素[103-104]。蒿属花粉症患者的主要症状为打喷嚏、鼻痒、眼痒，其他症状亦有乏力和嗜睡[103]。同时，相关研究表明，蒿属花粉过敏者普遍存在食物不耐受现象[104]，即过敏者食用某些特定食物时，会出现明显的花粉症症状。建议此类人群进行食物不耐受筛查，在日常生活中要注意饮食，以避免发生一些合并性的过敏性伤害。

气传花粉的季节性与地理区域性

科普小知识

蒿属、豚草、苋科等植物花粉主要为秋季气传花粉。蒿属花粉散播范围覆盖东北地区、华北地区、华中地区、西北地区和华东、西南部分地区；豚草花粉覆盖东北地区、华北地区和华东、华中、西南部分地区；苋科花粉覆盖华北、华南、华中和西南部分地区。松属、杨属、柳属、悬铃木属等植物花粉则主要为春季气传花粉[104]。松属花粉散播范围覆盖东北地区、华东地区、华中地区和华北、华南、西南部分地区；杨属花粉覆盖东北地区、西北地区和华北、华中、西南部分地区；柳属覆盖东北地区、西北地区和华北、华中、西南部分地区；悬铃木属则覆盖华北、华东、华中和西北部分地区[101]。

1. 蜂花粉的贮存

可将蜂花粉装入无毒塑料袋中，扎紧、密封，贮于阴凉通风的仓库中。若无条件且只能贮存于常温下时，需将蜂花粉干燥好。在贮存前，每50千克蜂花粉喷洒95%乙酰1千克，立即用较厚的塑料袋扎口密封，在通风良好且干燥的条件下贮存。也可将干燥蜂花粉装入有色玻璃瓶内，瓶口用蜂蜡封严，避光可保存6～12个月。还可将蜂花粉装在布口袋内，可保存2～6个月[1]。

2. 蜂花粉的质量鉴别

国内外的纯蜂花粉产品均以原蜂花团粒经筛选、去杂、烘干、灭菌后包装出售。一般来说，消费者可以通过色、香、味、状态、水分等性状进行鉴别。一看色泽：产品上如果明显是某单一花粉，如油菜花粉、向日葵花粉、芝麻花粉等，则颜色基本一致，具有特定均一的色泽，如油菜花粉呈现黄色，向日葵花粉呈现金黄色，芝麻花粉呈现咖啡色或白色。如果蜂花粉是多种植物的混合花粉，则其色泽是杂色。由于花粉不同，其营养成分也不一致。在国外，许多厂商为使营养均衡，将不同种源的花粉混合售卖，其色泽通常呈现杂色。二看有无长虫、虫絮和霉变。三看花粉团粒形状，一般花粉团应为扁球形。四闻有无花粉的清香气味，应无异味。五尝味道，应味道香甜，有涩的回味，无异味。六用大拇指挤压，应无潮湿感[1]。

3. 蜂花粉的服用剂量

正常情况下，成人以保健为目的，一般剂量为10～15克/天；强体力劳动者以增强体质为目的（如运动员）或用于治病（如前列腺炎等），可增加到20～30克/天；3～5岁儿童，5～8克/天；6～10岁儿童，8～12克/天为宜。蜂花粉是天然营养品，适量服用对人体无碍，可分次用温水、牛奶或蜂蜜水调服[1]。

（2）有毒蜜源植物

许多有毒植物的花粉会被蜜蜂酿成毒蜜。基于目前国内已有的研究报道，我国有毒蜜源植物主要分布在以下类群中：①毛茛科：乌头、驴蹄草、飞燕草、白头翁、石龙芮、毛茛；②罂粟科：博落回；③大戟科：大戟属；④卫矛科：雷公藤、昆明山海棠、苦皮藤；⑤山茶科：油茶；⑥瑞香科：狼毒；⑦蓝果树科：喜树；⑧八角枫科：八角枫；⑨杜鹃花科：羊踯躅、南烛、马醉木；⑩马钱科：钩吻、醉鱼草；⑪茄科：曼陀罗；⑫百合科：藜芦[1]。许多花粉被酿成毒蜜之后，对人体健康会造成极大威胁，经其酿制的蜂蜜也应该谨慎食用。（有毒蜜源花粉将在第四章第四节详细介绍）

结语：小小花粉，大大本领。植物给这个世界增添了浓墨重彩的一笔，我们的生活离不开植物的存在。而正是因为植物的存在，花粉也由此孕育而生，花粉是一把"双刃剑"，既可有益于我们的健康，为我们带来身体所需的各类强体魄、增精神的丰富营养元素和治疗糖尿病、肾病、胃炎、肝病、贫血、神经衰弱、气管炎、前列腺炎、心血管疾病的广泛药用功效，但也可在春秋季困扰我们，成为变应性疾病的主要"刽子手"之一，或将植物本身具有的毒性通过花粉酿制的蜂蜜让我们误食伤身，成为生物安全大隐患。只要我们客观地认识花粉、合理地利用花粉，让它们"各司其职"，相信花粉会给我们的生活带来更多的美好和惊喜！

参考文献

［1］北京市蚕业蜂业管理站. 健康美丽蜂花粉 [J]. 绿化与生活 , 2012 (9): 40-44.

［2］舒仲. 花粉与人类健康 [C]// 中国古生物学会孢粉学分会七届二次学术年会论文摘要集. 中国古生物学会孢粉学分会 . 2007: 68-73.

［3］郑尧隆，潘建国，李立群．试论蜂花粉中的微量元素 [J]．养蜂科技，1997 (3): 13-14.

［4］王光新，单珊，张红城．蜂花粉酢浆草保健酒的研制 [J]．现代食品，2020 (3): 92-95.

［5］王秀玲．花粉的食用·药用价值及开发前景 [J]．安徽农业科学，2007 (20): 6233-6234.

［6］骆昌芹．浅谈花粉食用 [J]．生命世界，2009 (2): 58-59.

［7］何佳洁，汪燕，马振刚．综述蜂花粉的广泛应用 [J]．蜜蜂杂志，2020 (1): 13-17.

［8］Hiroshi I, Yukimi N, Masamitsu S, et al. 1,1-Diphenyl-2-picrylhydrazyl Radical Scavenging Activity of Bee Products and Their Constituents Determined by ESR[J]. Biological & Pharmaceutical Bulletin, 2009, 32 (12): 1947-1951.

［9］柴玉花．史话花粉 [J]．东方食疗与保健，2014, 11: 4

［10］陈路燕，褚珊珊，左绍远．红花蜂花粉多糖Ⅰ对 H22- 荷瘤小鼠的抑瘤作用 [J]．亚太传统医药，2019 (6): 9-12.

［11］李翠翠，任洪涛，周婷婷，等．花粉活性成分及其生理功能的研究 [J]．饲料广角，2015 (11): 36-38.

［12］于淑玲，杜丽敏．花粉的营养价值和综合利用 [J]．中国食物与营养，2007 (1): 43-44.

［13］周康，杨芳，姚娜，等．花粉的营养及功能概述 [J]．农产品加工（学刊），2013 (19): 60-63.

［14］朱金明．花粉防治肝病的机理分析 [J]．蜜蜂杂志，2007 (12): 28-30.

［15］于继生．野芙蓉，延缓衰老的生命之花 [J]．祝你幸福：午后，2014 (3): 62.

［16］郭芳彬．花粉的美容方法 [J]．养蜂科技，2004 (4): 30-32.

［17］王开发，张盛隆，支崇远，等．花粉化妆品的应用和前景 [J]．香料香精化妆品，2002 (3): 42-43, 49.

［18］李鹏翔．花粉保健美容有奇效 [J]．中国花卉园艺，2002 (23): 41.

［19］杨开，何晋浙，胡君荣，等．12 种花粉中 20 种常量和微量元素的 ICP-AES 法测定

[J]. 中国食品学报，2010 (3): 227-232.

[20] 李铭芳，柳英霞，万益群. 电感耦合等离子体原子发射光谱测定生脉散中多种微量元素 [J]. 光谱学与光谱分析，2008 (2): 436-440.

[21] 额尔登桑，宝音达来，斯琴巴特尔. 微波消解 ICP-AES 法测定蒙药查格得日中金属元素及其分析 [J]. 光谱学与光谱分析，2008 (4): 940-942.

[22] 毛俐，谭明雄，陈振锋，等. ICP-AES 法测定广西产中药广豆根及千斤拔中的金属元素含量 [J]. 光谱学与光谱分析，2009, 29 (9): 2568-2570.

[23] 崔向东. 花粉与人体健康 [J]. 河北林业，1998 (6): 19.

[24] 方晨. 不同观察方式下的花粉形态变化幅度研究 [D]. 华东师范大学：2020. DOI: 10. 27149/d. cnki. ghdsn. 2020. 000852.

[25] 何玉友，秦国峰，高爱新，等. 马尾松等松属树种花粉形态研究 [J]. 林业科学研究，2008 (4): 456-463.

[26] 田志环. 松花粉与人体健康 [J]. 解放军保健医学杂志，2007 (4): 255-256.

[27] 黑育荣，彭修娟，杨新杰. 松花粉的有效成分及药理活性研究进展 [J]. 农产品加工，2019 (17): 95-96, 99.

[28] 吴榜华，吴硕，于菊花，等. 红松花粉营养价值、保健功能及开发建议 [J]. 北华大学学报：自然科学版，2005 (5): 441-444.

[29] 杨小倩，郅慧，张辉，等. 玉米不同部位化学成分、药理作用、利用现状研究进展 [J]. 吉林中医药，2019 (6): 837-840.

[30] 林钧安. 扫描电子显微镜下玉米花粉形态 [J]. 辽宁农业科学，1986 (3): 57.

[31] 高阳，侯长希，王佳江，等. 玉米花粉的功效及利用综述 [J]. 安徽农学通报，2010 (16): 73-74.

[32] 杨善岩，李海龙，狄志鸿，等. 花粉的益生菌发酵研究现状 [J]. 食品与发酵工业，2012 (12): 129-132.

［33］孔德政，李晨，赵海舰，等．荷花花粉的形态研究 [J]．中国农学通报，2009 (6)：175-178.

［34］崔学沛，吴小波，刘锋，等．不同产地荷花花粉与玉米花粉营养成分及含量分析 [J]．山东农业科学，2014 (11)：124-128.

［35］刘德光，胡蕙露，汤士勇，等．香花槐与刺槐花粉形态的电镜观察及比较 [J]．安徽农学通报，2007 (22)：14-15+7.

［36］王俊丽．洋槐花粉营养的研究 [J]．食品科学，1990 (1)：43-47.

［37］丁蕾，支崇远．花粉的医疗保健作用研究近况 [J]．中国乡村医药，2006 (12)：47-48.

［38］辛孝贵．我国山楂属一些主要种花粉形态的研究 [J]．沈阳农业大学学报，1986 (3)：70-78.

［39］振清．花粉的奇效 [J]．中国花卉盆景，1986 (1)：13.

［40］王宪曾．解读花粉 [M]．北京：北京大学出版社，2005.

［41］晁志，周秀佳．9 种益母草属植物的花粉粒形态 [J]．武汉植物学研究，2000 (3)：181-183.

［42］马玉涛，惠荣奎，崔颖，等．益母草基于 45S rDNA 染色体定位的核型分析及减数分裂观察 [J]．园艺学报，2011，38 (1)：125-132.

［43］王庆国（主校）．本草纲目——金陵本新校注．北京：中国中医药出版社，2013.

［44］中国科学院中国植物志编辑委员会．葫芦科．中国植物志 (73 卷第一分册) [M]．北京：科学出版社，1986，200.

［45］程玉琴，徐践．西瓜花粉形态观察 [J]．北京农学院学报，1996 (1)：59-66.

［46］崔公让．不可不知的中华饮食文化与健康 [M]．河南：中原农民出版社，2012：176.

［47］张明．好喝易做养生蔬果汁随身查 [M]．天津：天津科学技术出版社，2013：45.

［48］兰盛银，徐珍秀，张荆陵．油菜花粉粒剥离扫描观察 [J]．中国油料作物学报，1986 (2)：20-21+87.

［49］郝转．油菜花粉的功效及研究进展 [J]．粮食与油脂，2020 (8)：4-6.

［50］高丽苗，俞斌，徐响，等．油菜蜂花粉活性成分对体外肝细胞损伤的保护作用 [J].
现代食品科技，2016 (9): 8-12, 27.

［51］马丽萍，章琦，章定生．油菜花粉与油菜花粉内酯中总黄酮的对比分析 [J]. 中国蜂
业，2012 (8): 44-45.

［52］Oberschneider W., Heigl H. 2020. *Papaver rhoeas*. In: PalDat - A palynological
database. https://www.paldat.org/pub/Papaver_rhoeas/303904; accessed 2021-09-06.

［53］赵秀英，张宏利．虞美人花粉的化学成分 [J]. 西北药学杂志，1990 (4): 22-23.

［54］中国科学院．中国植物物种信息数据库 (China Plants Database), http://db.kib.ac.cn/,
CPNI[1]: 401-402.

［55］Weber M, Ulrich S. PalDat 3.0-second revision of the database, including a free online
publication tool [J]. Grana, 2017, 56 (4): 257-262.

［56］王开发．我国常见八种花粉的功效探讨 [J]. 蜜蜂杂志，2010, 30 (12): 5-9.

［57］曾凌云，吴丽燕，何和明．蒲公英开花习性及花粉微量元素的研究 [J]. 中国野生植
物资源，2001 (3): 37-38.

［58］李月娇．板栗花黄酮的提取、纯化及其生物学功能研究 [D]. 天津商业大学，2015.

［59］Saliha S, Büsra K. The antioxidant properties of the chestnut bee pollen extract and
its preventive action against oxidatively induced damage in DNA bases [J]. Journal of
Food Biochemistry, 2019, 43 (7): e12888.

［60］柳书琴．蜂胶·花粉·冬虫夏草祛百病 [M]. 上海：上海科学技术文献出版社，2016:
133-147.

［61］王小敏，吴文龙，李维林，等．黑莓花粉含水量与贮藏特性的研究 [J]. 江西农业学
报，2013 (5): 35-37.

［62］胡月明．增强鱼体抗病力的天然添加物——万寿菊花粉 [J]. 动物科学与动物医学，
2002 (2): 63-64.

［63］Halbritter H, Heigl H, Svojtka N. 2020. *Fagopyrum esculentum*. In: PalDat-A palynological database. https://www.paldat.org/pub/Fagopyrum_esculentum/303791; accessed 2021-09-06.

［64］吴少雄, 郭祀远, 李琳, 等. 荞麦花粉营养成分的分析和营养学评价 [J]. 食品科学, 2004 (10): 309-311.

［65］周玲仙, 邵萍, 陈彦红. 荞麦花粉抗贫血作用的实验研究 [J]. 昆明医学院学报, 1994 (3): 11-13.

［66］李宁, 周游, 金日光. 4 种天然花粉的生命动力元素的群子统计参数与其食疗功效关系的研究 [J]. 北京化工大学学报: 自然科学版, 2011 (5): 90-94.

［67］张京京, 何萍. 高压密封罐消解 -ICP-AES 法测定长白山椴树蜂花粉中多种微量元素 [J]. 吉林化工学院学报, 2018, 35 (1): 54-57.

［68］吴茂江. 钾与人体健康 [J]. 微量元素与健康研究, 2011 (6): 61-62.

［69］吴茂江. 钙与人体健康 [J]. 天中学刊, 2005 (5): 28-29.

［70］杨开, 何晋浙, 胡君荣, 等. 12 种花粉中 20 种常量和微量元素的 ICP-AES 法测定 [J]. 中国食品学报, 2010 (3): 227-232.

［71］吴茂江. 锰与人体健康 [J]. 微量元素与健康研究, 2007 (6): 69-70.

［72］邵仁元, 周海宽. 夏季莫忘食用南瓜花 [J]. 农家顾问, 1995 (9): 20.

［73］肖远辉, 傅翠娜, 区善汉, 等. 6 个柚类品种花粉形态观察 [J]. 南方农业学报, 2014 (9): 1616-1620.

［74］刘孟华, 李泮霖, 罗铝铿. 柚花化学成分及药理活性研究进展 [J]. 嘉应学院学报, 2015 (2): 67-73.

［75］肖克来提, 郭英芳. 维药薰衣草的国内外应用简介 [J]. 中国民族医药杂志, 2006 (4): 31-32.

［76］朱德兴, 孙庆田, 董清华. 樱桃栽培技术问答（第 2 版）[M]. 北京: 中国农业大学出版社, 2016: 27-34.

［77］许方，许列平，张长胜，等．4种栽培樱桃花粉形态及其壁层次结构的观察 [J]．莱阳农学院学报，1993 (1): 32–37.

［78］雷海清．樱属花粉形态研究 [J]．亚热带植物科学，2001 (4): 14–17.

［79］刘瑶．玫瑰花多糖的提取及功能性饮料的制备 [D]．天津科技大学，2017.

［80］叶世泰，张金谈，乔秉善，等．中国气传和致敏花粉 [M]．北京：科学出版社，1988: 1–5.

［81］宋岚．花粉调查在花粉症防治中的必要性 [J]．现代预防医学，2013, 40 (2): 370–371+375.

［82］魏庆宇．花粉症 [J]．中国实用乡村医生杂志，2005, 12 (10): 16–18.

［83］贺杨宇，李兰，郑跃杰．深圳市气传花粉调查分析 [J]．海南医学，2011 (6): 136–138.

［84］王班，高萍，刘洁，等．上海市西南部空气中气传花粉调查 [J]．中华临床免疫和变态反应杂志，2010 (3): 168–175.

［85］刘光辉，祝戎飞，张威，等．湖北省气传花粉调查 [J]．中华临床免疫和变态反应杂志，2007 (1): 22–26.

［86］曾继红，洪苏玲，黄江菊．重庆市渝中区气传致敏花粉调查 [J]．重庆医学，2004 (2): 216–218.

［87］欧阳志云，嘉楠，郑华，等．北京城区花粉致敏植物种类、分布及物候特征 [J]．应用生态学报，2007 (9): 1953–1958.

［88］杨风林，马尔华，张桂林，等．拉萨地区夏季花粉症主要致敏花粉调查 [J]．西藏医药，2006 (4): 3–4.

［89］王晓艳，郭森颖，王洪田，等．我国北方地区儿童与青少年季节性变应性鼻炎致敏花粉的特征分析 [J]．临床耳鼻咽喉头颈外科杂志，2020 (11): 1005–1010.

［90］程晖．今春北京 15 个公园小区杨柳不飞絮 [N]．中国经济导报，2010–4–22 (B07).

［91］刘丽．基于叶、枝特性的柳树观赏性评判及倍性鉴定研究 [D]．中国林业科学研究

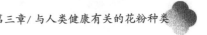

院, 2016.

[92] 李全生, 江盛学, 李欣泽, 等. 中国气传致敏花粉的季节和地理播散规律 [J]. 解放军医学杂志, 2017 (11): 951−955.

[93] 曾珂, 朱玉琼, 于静文, 等. 三裂叶豚草花粉形态及雄配子体发育的研究 [J]. 电子显微学报, 2009, 28 (5): 432−436.

[94] 张小利, 丁建云, 崔建臣, 等. 豚草花粉监测与花粉过敏的研究进展 [J]. 植物检疫, 2020 (4): 47−52.

[95] Sommer J, Smith M, Šikoparija B, et al. Risk of exposure to airborne Ambrosia pollen from local and distant sources in Europe−an example from Denmark[J]. Annals of Agricultural and Environmental Medicine, 2015, 22 (4): 625−631.

[96] 杨德奎, 宋立波, 宋艳梅. 悬铃木科花粉形态的研究 [J]. 山东科学, 2007 (5): 21−23.

[97] 王钰莹, 茆慧萍, 林奕纯, 等. 悬铃木花粉过敏的研究现状与前景 [J]. 科技资讯, 2020 (16): 81−82, 84.

[98] 欧阳昱晖, 范尔钟, 李颖, 等. 蒿属花粉症的发病特点及季节前干预治疗的疗效分析 [J]. 中华耳鼻咽喉头颈外科杂志, 2014 (4): 272−276.

[99] 王晓艳, 田宗梅, 宁慧宇, 等. 北京城区气传花粉分布与过敏性疾病就诊关系分析 [J]. 临床耳鼻咽喉头颈外科杂志, 2017 (10): 757−761.

[100] 杨钦泰. 变应性鼻炎治疗的三部曲 "脱离、脱敏、脱症" [J]. 临床耳鼻咽喉头颈外科杂志, 2017, 31 (1): 3−5.

[101] 凌晓静, 许志强, 胡巧丽, 等. 黄花蒿花粉新过敏原烯醇化酶鉴定: 重组纯化及 IgE 结合活性 [J]. 中华临床免疫和变态反应杂志, 2021 (2): 129−135.

[102] 马婷婷, 庄严, 王洪田, 等. 内蒙古草原地区蒿属花粉的致敏特征分析 [J]. 临床耳鼻咽喉头颈外科杂志, 2020, 34 (12): 1092−1096.

[103] 赵方新, 武静, 牛燕, 等. 内蒙古西部地区蒿属花粉过敏患者食物不耐受情况调查 [J]. 医学信息, 2021 (6): 154−156.

[104] 刘爱华, 兰海燕, 唐立伟, 等. 健康教育对花粉症患者的影响 [J]. 中国中医药现代远程教育, 2010 (2): 119.

/ 第四章 /
花粉的生物安全隐患与分类

第一节　公共卫生安全——花粉症与城市绿源污染

　　引言： 花季到来，百花盛开、争奇斗艳。无论是阳春三月还是金秋十月，人们都禁不住想要出门去拥抱大自然，一睹花儿们的"芳容"。不过，有些朋友却不敢在开花时节出门，因为这段时间会令他们深感困扰和痛苦——经常打喷嚏、干咳、涕泪横流。他们或许以为自己是感冒了，殊不知，花粉过敏恰恰也会产生类似症状。为了预防花粉过敏，了解花粉过敏的实质和发生机制是非常必要的，这样可以提前做好防护措施并及时对花粉过敏采取正确的治疗手段。此外，知晓花粉症与城市绿源污染之间的关系，不仅可以帮助花粉症患者选择更有利于自身健康的住所，而且也能够提醒城市规划者在绿化设计时注意植物的选用与布局，从而避免产生不必要的花粉污染。

一、花粉症

　　花粉过敏症简称花粉症，又称季节性过敏性鼻炎或枯草热[1-2]。让我们通过以下知识来了解花粉症吧!

1. 花粉症的前世今生

前世

古希腊可能是最早注意到花粉过敏症状的国家。公元130—200年，一位叫Galen的医学家发现有一些患者在接触了花草后会出现打喷嚏的症状，于是他将这一发现记录在他的著作中。我国古代也同样有关于花粉过敏引起病症的记载，患者在夏秋季节突然出现与感冒类似的症状，而此季正值天气炎热之时，所以民间将其称为"热伤风"[3]。

到了近代，人们对花粉症进行了更为深入的研究，开始探索花粉致敏机制。1828年，英国学者John Bostock提出了"枯草热"的概念。自那时起，花粉症的研究进程便不断加快，对花粉症发病机制的阐释也进一步明晰[4]。

今生

随着研究的不断深入，人们意识到，花粉症是免疫学和公共卫生学领域所要面临的一大难题，花粉症的患病率仍在不断攀升。放眼世界，花粉症的现状不容乐观：美国的花粉症发病率在2%～10%，局部地区甚至到了15%；欧洲的花粉症发病率高达20%，有专家估计，未来20年内还会继续攀升15%[5-7]。而在中国，30多年前，花粉症的发病率为0.5%～1%，有些地区可达5%[4,8-9]。为了应对花粉症患病率的不断增长，科研人员开始致力于致敏花粉的调查以及治疗花粉症药物的研发工作，以期帮助人们摆脱花粉过敏的困扰。

2. 花粉症的产生机制

过敏是机体的一种变态反应，需要同时满足两个条件——过敏体质者和致敏原，二者缺一不可。花粉过敏性疾病与遗传因素和环境因素之间存在紧密联系，在临床上常见并多发，因此引起了世界性的普遍关注[1,10]。打喷嚏，流鼻涕，流眼泪，鼻、眼及外耳道奇痒是花粉过敏的常见症状；严重者会引发气管炎、支气管哮喘、肺心病（大多发生于夏秋季）；幼儿症状会稍加严重，出现阵发性咳嗽、呼吸困难、眼睑肿胀等症状，并且常伴有水样或脓性黏液分泌物的出现[11]。

花粉过敏是最常见的典型过敏反应，是指具有特应性体质的患者被花粉变应原致敏（主要是由于自由基的破坏作用和抗体的亢进作用[12]）后引起的一系列病理生理过程[13]，高发于20～49岁的人群[14]。花粉过敏属于免疫学中的变态反应（超敏反应），顾名思义就是这种反应的发生有些不正常——致敏性花粉往往会使花粉过敏者产生高于常人的免疫应答，并因此影响其身体健康。其中，介于20～49岁的花粉症患者所产生的免疫应答最显著，最终结果就是花粉症高发于20～49岁的年龄段。

引起花粉症的花粉多为风媒花粉（医学界又称之为气传花粉[2]），这类花粉不仅致敏能力强，而且又小又轻，可以随风飘到数千米以外[4]（更有甚者可以超过1000千米，即使在2000千米以上的高空，也少不了它的身影[1,15]）。加之花粉数量多（浓度高），致使其成为导致花粉症的罪魁祸首。

过敏者为何不断增多?

生活小贴士

随着生活水平的提高，人们的伙食越来越好，各种各样的山珍海味、大鱼大肉被端上了人类的餐桌。可就是因为过多地摄入了这些高蛋白、高热量食物，才造成人体内的抗体功能亢进，使得人们对过敏原愈发敏感，过敏者也因此不断增多[12]。

3. 花粉过敏怎么办？

所谓"解铃还须系铃人"，既然花粉过敏是由花粉导致的，那么预防花粉过敏首先就要从花粉本身找原因，从根源上防治花粉过敏。

尽可能减少与花粉的接触无疑是降低花粉过敏风险最有效的办法。在开花季节，花粉过敏者应该安心"宅"在家里，按捺住想要亲身体验大自然美景的迫切心情，可在网络等虚拟平台上欣赏大自然之美。同时，要保证门窗紧闭，可以安装防花粉的窗纱，或者挂湿窗帘以保持居室空气湿润，减少自然通风[16-17]，甚至可使用空气净化装置或花粉过滤器等[18-19]来减少室内花粉数量，将花粉和花粉症一并拒之门外。此外，使用烘干机烘干衣物，避免在室外晾晒衣服、床单、被套等贴身用品[20]，可以有效减少致敏花粉伤害人体健康的机会。对于症状严重而且有经济条件的花粉症患者，在花粉飘散的季节，到无花粉或很少有致敏花粉的地区居住或度假也许是个不错的主意。

当然，"宅"在家中只是相对减少外出次数，大家总不可能整个开花季节都待在家里吧！但是，在出门前要先做好充足的准备。外出时尽量穿长袖衣服，佩戴帽子、面罩、专用口罩和全封闭眼镜[12,21]等防护装置，还可在鼻腔里涂抹花粉阻隔剂[17]，这样做可以减少花粉的接触或者吸入。

室外的花粉浓度处于动态变化之中，通常来说，花粉浓度最高的时候是上午10点到下午5点[22]，所以，建议人们最好早晨或晚上出门。千万不要到郊区植物茂密的地方或草原地区去游玩，尤其不要在干燥刮风天气去花草多的山区或草原[17]，因为那里众多的植物开花使空气中飘散着大量的花粉，这对花粉症患者来说很危险。

外出回家后则要及时沐浴，对面部、眼部、头发和鼻腔等容易沾染花粉的部位进行认真清洗，并且勤换衣服，从而减少身上携带的花粉颗粒[22]。但是，冲洗鼻腔不适用于年龄小的孩子，因为如果他们不配合的话容易对他们造成伤害[17]。

花粉症防护口诀

花开季节少出行，无须再次来叮咛。

揉搓眼部要当心，避免花粉进眼睛。

帽子口罩护目镜，助你远离花粉病。

若要外出赏风景，避开草原与山林。

莫要出门很高兴，归家途中泪盈盈。

外出归来应洗净，洗鼻洗眼换衣勤。

每到花季照此行，祝你天天都舒心！

4. 花粉症的预防药品及疫苗开发

在花粉症的防治研究中，预防药品及疫苗开发是目前国内外研究的一大热点。日本Astellas制药公司为根本治愈杉树花粉症，尝试开发了Astellas疫苗，已经进入最后的临床试验阶段，几年后有可能实现治疗负担很小的花粉症疗法。据称，该疫苗具有调节免疫平衡的作用，诱发产生休克症状等威胁生命危险的"重度过敏"现象会大大降低[23]。在丹麦，已有一些生物医药公司开发出预防草木花粉过敏症的疫苗片剂产品Grazax，该药品为一种速溶片，于花粉季节来临前至少8周开始服用即可[24]。澳大利亚科学家曾研究过一种治疗花粉症和其他与花粉有关过敏症的新型疫苗，但该疫苗会带来严重的排斥性休克，从而加剧身体对过敏原的过敏反应，甚至导致死亡，针对该问题，墨尔本大学植物分子生物学和生物技术研究小组的科学家通过对黑麦草进行改造，去除黑麦草蛋白质易引起过敏症的特性，从而提高人体免疫力[25]。中国科学家也在不断尝试着花粉变应原的免疫疗法与制剂研发，例如，有学者用聚乳酸–羟基乙酸共聚物（PLGA）包载鱼尾葵花粉过敏原profilin蛋白的纳米疫苗特异性免疫治疗小鼠过敏性鼻炎[26]。对花粉变应原的分离与鉴定，为分子诊断方法的建立、低致敏性重组变应原疫苗、肽段疫苗及DNA疫苗的研究奠定良好的基础[27]；对变应原疫苗的建立和应用提供了一种可靠的质量分析，以及保障了疫苗制品质量和工艺一致性[28]。随着科学技术的发展，研发体系愈趋标准化，越来越多预防和治疗花粉症的疫苗和方法会被研制出来，这是花粉症患者的福音，也是整个人类的幸事。

生活小贴士

中国主要致敏花粉种类[29-30]

地区	春季主要致敏花粉种类	夏秋季主要致敏花粉种类
华东地区	松属、杨属、悬铃木属、构属	禾本科、藜科、豚草、蒿属、葎草
华南地区	松属、柏木属、桑科、构属	禾本科、木麻黄、蒿属、藜科
华中地区	悬铃木属、松属、柏木属、构属、杨属	蒿属、禾本科、女贞、藜科
华北地区	杨属、柏木属、桦木属、松属	蒿属、葎草、藜科、禾本科
西北地区	杨属、桦木属、柳属、悬铃木属	蒿属、藜科、葎草、禾本科
西南地区	柳属、杨属、柏木属、悬铃木属	禾本科、蒿属、藜科
东北地区	杨属、松属、榆属、桦木属	蒿属、禾本科、葎草、藜科

"打喷嚏"的浣熊叔叔

"今天天气可真好！"小松鼠吱吱感叹道。挂在空中的太阳不知疲倦地散发着光和热，白云在蔚蓝的天空中自在地畅游，还有成群结队的蝴蝶和小蜜蜂们绕着路旁的花丛嬉戏。

"阿嚏，阿嚏！……"远处传来的声音吸引了吱吱的注意力。吱吱走近一看，原来是浣熊叔叔。浣熊叔叔是森林的清洁员，负责清扫森林。

"浣熊叔叔，您好，您一直打喷嚏是怎么了，是身体不舒服吗？"吱吱关切地问道。

"是啊，可能是因为最近天气太好，叔叔没注意保暖，不小心感冒了吧！可我明明吃了药，症状却还是没有好转。"浣熊叔叔回答。

"咦，浣熊叔叔，今天您已经打扫完卫生了吗？"吱吱的注意力被一旁的垃圾筐吸引。

"是啊。'阿嚏！'好多花最近都落粉了，又好久没下雨了，地上都是这样的粉。"浣熊叔叔说着便指向筐里满满的粉渣、叶子和花。

"啊，浣熊叔叔，我觉得您可能不是感冒，而是花粉过敏。最好还是去医院看一下吧！既然您今天打扫工作已经完成了，不如我陪您去医院看看？"

"好吧，那谢谢你了，吱吱。'阿嚏！'"

就这样，浣熊叔叔和吱吱一起来到了森林动物医院。

"熊爷爷，熊爷爷，您快帮浣熊叔叔看一下，浣熊叔叔一直在打喷嚏。"

"小浣熊啊，你除了打喷嚏还有什么其他症状吗？"熊爷爷问道。

"'阿嚏！'我除了打喷嚏，眼睛、鼻子还会发痒，而且还不停地流鼻涕。"

"嗯，我给你开个单子，你再做个详细的检查吧！"

检查结果出来了，浣熊叔叔的确患上了花粉症。

"花粉症的许多症状和感冒很像，大家时常会分不清。但不一样的是，花粉症经常在春天和秋天里发生，而感冒在一年四季里都会发生。为了避免患上花粉症，在植物开花的时候要做好防护措施，如戴口罩、勤洗澡等。如果不小心花粉过敏了，可以通过吃药来治疗。不过，在不确定是不是花粉症的时候，千万不要乱吃药哦！"熊爷爷对浣熊叔叔解释道。

"好的，谢谢熊医生。"浣熊叔叔回答。

"谢谢熊爷爷。"吱吱回答。

"嘻，原来我真的是患了花粉症，看来我需要在打扫卫生时注意自己的防护了。吱吱，还好有你提醒我，不然我就一直吃错药了。'阿嚏！'"

可是花粉微乎其微，使人防不胜防，无论你防护得有多好，还是免不了会"中招"。许多人吸入或接触花粉后会产生过敏反应，由于花粉症很多症状与感冒相似，如流鼻涕、打喷嚏、流眼泪等，所以，花粉症常常被当作感冒来医治。那么，我们应该如何识别花粉过敏和感冒这一对"真假美猴王"呢？

表4-1　花粉症与一般感冒的区别

疾病	花粉症	感冒
发病时间	高发于春季或夏秋季节	无季节性，但冬季好发
个人或家庭过敏史	常无	常有
喷嚏	多，且剧烈	有，较少
鼻痒	明显	不明显
鼻塞	重，变化多	明显，持续
鼻分泌物	多，水样或黏性	黏性、较脓性
全身症状	一般无 部分有哮喘	有，较重 如发热、肌痛
传染性	无	有
病程	1日至数日	1~2周
鼻黏膜	苍白水肿或灰蓝色	充血肿胀
鼻分泌物涂片	嗜酸性粒细胞、肥大细胞	主要为中性粒细胞
鼻涕 IgE	多升高	不高

从表4-1中可以看出，花粉过敏与感冒是有区别的[13]，有时花粉过敏的症状要比感冒更为严重。

花粉过敏严重时还会引发过敏性鼻炎、结膜炎、支气管哮喘、过敏性皮炎、气管炎、肺心病（多发在夏秋季）等疾病，最严重时甚至会诱发过敏性休克和死亡。

其中，中老年人是高危群体，他们没有与年轻患者一样的强健体格，花粉过敏引起的咳嗽、支气管哮喘等，可能会促使他们的血压突然升高，引起身体不适；更为严重还会进一步引发脑猝死和休克等[32]。因为花粉过敏导致的患者死亡并不是个例，所以，在此特别提醒中老年朋友们一定要在花季做好必要的防护措施，尽量降低花粉过敏的风险。

众所周知，如果发热不及时医治，会导致细菌扩散造成肺炎甚至"烧坏"大脑。同样的道理，花粉症如果不及时就医、拖延病情，很可能会导致症状加重，进而产生慢性哮喘、肺炎、鼻咽炎等呼吸系统疾病，严重时甚至会导致心力衰竭、肝肾损害等疾病，最终危及生命[12]。所以，当你不可避免地患上花粉症时，你就需要及时采取一定的治疗手段，目前主要有脱敏疗法和药物治疗两种。

脱敏治疗，又称为变态反应疫苗治疗或特异性免疫治疗，常采用皮下注射和舌下含服的方式。该治疗有季节前脱敏疗法和常规免疫疗法之分，又分为前期快速脱敏阶段和维持脱敏治疗阶段，是目前唯一针对致敏花粉种类进行花粉症治疗的方法[33-34]。从本质上来说，脱敏疗法就相当于接种疫苗：用致敏花粉中的致敏原不断刺激机体并逐渐增加剂量，使机体对致敏原的耐受能力提高，也就是提高免疫力，从而使过敏症状减轻甚至消失[33-34]。

雷暴哮喘发作

生活小贴士

2016年11月21日，位于澳大利亚的墨尔本市出现了雷暴天气。累计超过8500名墨尔本市民在经历雷暴天气后出现了急性哮喘症状，甚至有9人因此丧生。这是有史以来最严重的一次疫情，为此专家开展了调查研究，结果发现，这些急性哮喘发作的患者，绝大多数人在此之前并未有过哮喘发作的经历。

经专家研究后认为，雷暴天气将大量的花粉吹到空中并使其受潮分解为直径数微米的小碎片，如果被花粉症患者吸入，这些碎片能够进入他们的下气道（直径小于10微米才能到达下气道）并引发过敏性炎症，从而造成急性哮喘发作（Thunderstorm-related asthma attacks）[31]。

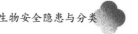

药物治疗，顾名思义就是通过服用药物来达到治疗花粉症的目的。现在临床上主要使用色苷酸钠和抗组胺药物[32]来治疗花粉症，但是由于个体之间存在差异，每个花粉症患者会出现不同的症状，所以要根据患者的症状来施药，做到对症下药[32,35]（见表4-2）。

表4-2　过敏症状或过敏部位及其相应用药

症状／过敏部位		药物
鼻痒、打喷嚏、流涕	轻度	第2代或新型H1抗组胺药
	重度	第2代或新型H1抗组胺药＋鼻用糖皮质激素
过敏性哮喘		抗白三烯药
眼部		滴眼液
鼻部		色酮类药物
流涕		鼻内抗胆碱能药物
鼻腔充血引起的鼻塞		鼻内减充血剂（连续使用不得超过1周）

注意　在不确定病因的情况下千万别乱吃药！

试想一下，假如你患了花粉症，可是你却服用治疗感冒的药物，你说你的病能好吗？所谓"是药三分毒"，非但好不了，反倒损害了自己的身体，还可能使你的病情进一步恶化。临床上有很多患者在出现症状后，误用抗感冒药物甚至抗生素以应对花粉症的症状，感冒药虽然在短时间内可以缓解打喷嚏及鼻塞等症状，但由于没有针对病因，延误治疗，导致部分患者患上合并支气管哮喘[13]。

所以，当你无法判断是感冒或是花粉症的时候，请咨询专业人士，找出病因对症下药，这样才能药到病除。

表 4-3　花粉过敏引起的病症、诊断及建议就诊科室

	疾病症状	可能诊断	建议就诊科室
就医小贴士	鼻塞、喷嚏、流涕	过敏性鼻炎	耳鼻喉科
	目痒、眼赤、流泪	过敏性结膜炎	眼科
	口咽干痒	上呼吸道过敏	耳鼻喉科
	皮肤干痒	皮肤过敏	皮肤科
	咳嗽或咳痰	呼吸道过敏	呼吸内科
	睡眠障碍	过敏症状导致的焦虑或呼吸道症状影响睡眠质量	精神科、呼吸内科
	皮肤风团、阵发性瘙痒	隐疹、风瘙痒	中医科
	眼水肿有异物感	过敏性结膜炎	眼科
	水肿（躯干、手足等）	过敏	皮肤科、风湿免疫科
	皮肤丘疹、瘙痒、湿疹样改变	皮肤过敏	皮肤科
	喘、憋、咳嗽，严重者可因窒息死亡休克	过敏性哮喘、休克	呼吸内科、ICU

5. 预防花粉过敏冷知识

花粉过敏是一种病症，通过药物来治疗是大家首先会想到的，但是你们知道饮食也能缓解甚至预防花粉过敏吗？

首先，你需要控制自己的饮食——少吃高蛋白、高热量的食物，如海鲜、乳肉制品和花生等。其次，可以通过食用一些有利于缓解花粉症症状的食物来减轻甚至预防花粉症。

这时，你肯定要问："那么我可以吃些什么呢？"不要急，接下来便为你推荐一些有效减缓症状的食材[22,36-39]（见表4-4）。

表4-4　花粉症患者的推荐食材

类型	食材名称
水果	苹果、橙子、香蕉、猕猴桃
干果	红枣
蔬菜	金针菇、胡萝卜
甜品	蜂蜜
饮品	酸奶

注意：对表内食材过敏的花粉症患者，不建议食用。

　　上述食材在缓解花粉症方面都发挥了各自的作用。随后，让我们一起来了解一下这些食材是怎样发挥作用的[22,36-39]（见表4-5）。

表 4-5　缓解花粉过敏症状的食材及其作用机制

食材	作用机制
苹果	类黄酮可以抑制过敏反应；果胶可以减轻肠道负担，促进免疫力的恢复
橙子	维生素 C 可以减轻过敏症状，缩短病程
香蕉	使嗜酸性粒细胞恢复到正常水平
猕猴桃	维生素 C 可以间接抑制炎性细胞功能，释放组织胺
红枣	环磷酸腺苷可以抵抗过敏
金针菇	菌柄中的相关蛋白可以抑制哮喘、鼻炎、湿疹等过敏性疾病的发生，增强免疫力
胡萝卜	β-胡萝卜素能调节细胞内的平衡，预防过敏
蜂蜜	少量花粉粒可造成患者的免疫耐受；微量蜂毒对支气管炎、哮喘等过敏性疾病具有治疗效果
酸奶	乳酸菌可减轻眼、鼻部的过敏症状

科学实验员

日本厚生劳动省研究组曾以89名过敏性鼻炎患者为研究对象开展了如下实验：所有人员被分为两组，其中一组被要求每天摄入50mg的特定乳酸菌食品（相当于100g酸奶），而另一组则没有。半年过后，研究人员发现，每天摄入乳酸菌的患者在花粉飘散的季节里流鼻涕和鼻塞的情况要优于未食用乳酸菌的患者[40]。

在认识可以缓解花粉过敏的食材及其抗过敏机制的同时，相信大家恨不得马上就能在享受美味的同时预防花粉症。别急，这里还有一些食疗方[36]供大家参考（见表4-6）。

表 4-6　缓解花粉过敏食疗方

名称	原料	做法
蜂蜜柠檬片	柠檬（适量）、蜂蜜（适量）	将柠檬切成薄片后浸入蜂蜜中，再放入冰箱冷藏1天
鱼腥草红枣茶	鱼腥草干（75克）、红枣（15粒）、水（3升）	洗净混合砂锅煮开后继续用小火煮20分钟（注意：体质偏热的人可以少放一些红枣）
三子芝核粥	白芥子（6克）、苏子（10克）、莱菔子（10克）、芝麻（20克）、核桃仁（20克）、白米（50克）	将白芥子、苏子、莱菔子用水煎汁，接着加入芝麻、核桃仁和白米，煮成粥
鸡丝胡萝卜金针菇	鸡胸肉（适量）、胡萝卜（适量）、金针菇（适量）	将鸡胸肉煮熟，沥干后撕成丝；把去皮的胡萝卜切成丝；将金针菇的根部去除后撕开；最后，将这些食材一起炒熟

最后，真心祝福大家能够轻松快乐地在享受美食中预防花粉过敏。

温馨提示

以上食物仅只起到缓解或预防轻微花粉症的作用，并不能当作药物来使用。因此，当花粉症发作时，应该及时就医用药，切忌过度迷信食疗及其功效。

二、花粉日历

　　花粉粒被认为是户外空气过敏原的主要来源，被列为空气中最丰富的外来元素之一，会直接造成哮喘、花粉症等疾病[41]。越来越多的人遭受着花粉症的困扰，因此，在公共卫生安全方面花粉症日益受到重视，但是，关于花粉来源、监测、分布、预测和健康影响的研究仍然亟待深入开展。气象条件（温度、风、雨和湿度等）、地理、植被和城镇化是影响城市花粉传播的主要因素，并具有独特的地域性。因此，上述特性直接或间接造成了不同城市间花粉散播的方式及种类各具特色。在世界范围内，各城市监测空气中的花粉含量和种类的研究手段与技术已经日趋成熟，研究并制作了花粉日历可以帮助预防和诊断花粉症[42]。

1. 什么是花粉日历?

　　花粉日历，是指在给定的区域内总结主要花粉类型年动态变化的图表，目的是获得关于单个区域植物致敏花粉浓度的信息，并且能够详细说明不同地理条件下致敏花粉分类群发生的预测[43-44]。一般主要利用Burkard体积孢子诱捕器，采用Hirst型体积孢子陷阱方法来开展花粉日历的制作。

2. 为什么研究花粉日历?

　　空气中花粉的种类、分布、数量，随着季节、气候和环境的改变在不断地发生变化，通过研究花粉日历我们能够清楚地确定花粉种类、花粉季节时间和花粉污染程度。花粉日历既能为花粉过敏症患者提供规划治疗和预防的关键信息，也能为花粉过敏症患者提供规划其工作和娱乐活动的关键信息，它是研究空气质量对当地居民生活影响的一种有价值的工具[44]。

不同城市的花粉日历研究案例[41-43]

①波兰卢布林：2001—2002年，对16个致敏花粉类群进行了花粉日历的构建，包括：桤木属、榛属、桦木属、杨属、榆属、白蜡属、鹅耳枥属、栎属、水青冈属、松科、禾本科、酸模属、车前属、藜科、蒿属、荨麻科。大多数被研究的树木花粉散播样式存在着较大差异。它们与花粉季节的开始和结束、最大花粉浓度发生的数量和日期以及花粉粒年总和有关。最终研究表明：2月初至9月底，卢布林大气中有大量的易过敏花粉种类，4月、7月和5月花粉浓度最高；卢布林的气传花粉粒总数在2年间达到最高值的是桦、松、赤杨、荨麻和禾本科植物花粉；最低的是榆树、山毛榉、藜科和车前草；水青冈和榆树的花粉季节最短；最长的是酸模、禾本科和车前草。

②葡萄牙丰沙尔：2003—2009年，该市气传花粉含量最高在2009年，而最低在2004年，呈现逐年显著升高趋势。花粉浓度明显随季节变化，出现2个年高峰：第一个高峰和最高高峰出现在春季3—6月，占全年花粉记录的57.9%；第二个较小的高峰出现在10—11月，占全年花粉记录的16.9%。花粉浓度最低月份为9月（占年花粉量的2.7%）。在第一个高峰3月和4月为树木花粉（月平均178.88粒/立方米，粒/立方米为每立方米的空气花粉粒数目），5月和6月为草本和禾草花粉（月平均103.37粒/立方米）。在第二个高峰期，草本花粉（79.48粒/立方米）是乔木花粉（54.78粒/立方米）的近1.5倍。放眼全球，乔木花粉数量占比（52.72%）高于草本和禾本科植物（4.64%），蕨类植物孢子占比（2.29%）和未鉴定花粉粒数（0.35%）不占优势。

③希腊西色雷斯/希腊东北地区：2013年，该区域花粉浓度最高在4月（占年花粉量的28.37%）和5月（占年花粉量的41.68%）。花粉浓度随季节变化可划分为3个主要散播季节：冬季/早春（1—3月），主要为柏科；春季/早夏（4—6月），主要为禾本科、荨麻科、木犀科、壳斗科、松科和芭蕉科；夏季/早秋（7—9月），主要为菊科和藜科。实验结果表明，该区域大部分种类的花粉浓度均在3—5月达到最高，但豚草/艾草和藜的浓度均在8月达到最高。空气中花粉浓度从高到低排序为：5月（1902粒/立方米）＞3月（311粒/立方米）＞4月（253粒/立方米）。不同种类花粉量排序为：油橄榄科（8153粒/立方米）＞壳斗科（4666粒/立方米）＞禾本科（3083粒/立方米）＞柏科（2590粒/立方米），其中，柏科的花期最长。

三、城市绿源污染

城市，是大多数人心驰神往的生活之地。那里经济发达、交通便利、物资充沛、生活设施一应俱全。由于人们对美好生活的向往，如今的城市变得越来越美——高大挺拔的树木排列在道路两旁，形成一道绿色屏障；花坛中开满美丽娇艳的花儿，点缀着繁华的街道；大面积的湿地公园，为人们提供放松和小憩的场所。

在生态文明建设过程中，城市环境愈发美化、空气水体愈发净化。理论上来看，近年来，城市环境质量得到了相当程度的提高。可是，正因为"福祸相依"，大量植物不加以评估，就被不合理地利用来绿化点缀城市，绿源污染也随之而来。所谓绿源污染，就是不合理的绿化导致植物产生的某些物质达到一定规模/程度时出现的污染问题，这种污染不仅破坏城市的美丽形象，而且还会威胁居民的生命健康安全[45-46]（见表4-6、表4-7）。

表4-6　不同空气污染的危害排行榜

排名	污染方式
No.1 花粉污染	花粉致敏
No.2 毛飞絮污染	影响环境质量、携带和传播病菌、遮挡视线、属于易燃物质等
No.3 气味污染	散发臭味

表4-7　飞毛飞絮污染造成的不同后果

污染方式	污染后果
影响环境质量	造成居民皮肤过敏，加重过敏人群的哮喘、慢性支气管炎等呼吸道疾病
携带并传播病菌	导致鼻、眼等部位产生炎症
堵塞汽车水箱	使汽车开锅后熄火
遮挡行人、司机视线	引发交通事故
易燃	接触火源导致火灾

除以上三种主要污染外，还有果实污染[46]和昆虫污染[47]等其他污染途径。其中，花粉污染是最主要的污染形式，其造成的影响最大，是防污治理的首要对象。

1. 花粉污染的形成

国内外许多城市的人们都在遭受花粉污染的困扰。那么，花粉污染在城市中是如何形成的呢？经过大量研究发现，城市中花粉污染的形成主要受到植物与环境这两大方面共同作用和影响。

（1）花粉污染的源头

花粉污染的制造，首要存在于能够产生污染性花粉的植物。由于人们对城市美化的要求越来越高，一些树形美观、花期长、花朵漂亮的植物常被用来绿化城市，但审美之外，往往忽略了对这些植被花粉致敏性的评估，可能由此造成花粉肆无忌惮地漫天飞舞，给人们的生活带来极大困扰。此外，有些植物的花粉与花粉之间，甚至与人们所食用的果蔬都会产生交叉反应[48]。例如，豚草花粉与蒿属植物花粉[49]、桦树花粉与白蜡树花粉、柏属孢粉与松属孢粉之间[50]，桦树花粉与苹果和猕猴桃花粉、日本柳杉花粉与西红柿花粉[51]等，均会发生交叉反应，进一步加重花粉症患者的困苦。

另外，为了城市的美观和谐，人们往往会在一定的区域内成规模性、整齐归一地种植同一种植物。可是对于一个城市来说，同一种植物栽植过多可能会造成花粉量剧增，即便致敏性不强，在量变引起质变的情况下也会造成污染，危害人们的健康[52]。

生活小贴士

在我国，绿化树种中容易造成植源性污染的主要有白蜡、油松、悬铃木、火炬树、圆柏、杨树、柳树、椿树、银杏、广玉兰、毛泡桐、麻楝等[45-52]。

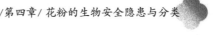

（2）环境因素的影响

植物产生致敏性花粉是前提，但污染状况同时也会受到环境因素的影响和制约。

①温度与湿度

大家都知道，温室里的植物比外面生长得更快，温度的升高以及适宜的湿度同样可以促进植物开花，从而产生更多的花粉[53]。

在温度高以及空气湿度低的情况下，花粉会变得干燥，这使花粉更容易随风而起，飘浮于空气中，从而增加空气中的花粉浓度。但是，当空气潮湿的时候，花粉因吸收水分增重便会沉降到地面[54-55]，这一过程与水汽在上空形成雨滴从空中滴落相类似。

此外，空气对流运动也会影响花粉的分布情况：在晴朗的白天，受到太阳的照射，地面温度比空气温度上升得更快。近地面的空气膨胀上升，花粉随着膨胀的空气同时上升，于是，空气中的花粉浓度在晴朗的白天达到较高值；而到了夜晚，结果就恰好相反。

②风力和风向

"水能载舟，亦能覆舟。"风对于空气中花粉浓度的影响也是如此：风对花粉起着传播作用，当有一定风速时，沉降在地面上的花粉会被风吹起，随风飘散到空中，从而使空气中的花粉含量增加。可当风力过大时，花粉则会顺着风向飘远，逐渐消散，进而缓解花粉污染给人们健康带来的压力[53]。

③城市交通污染

汽车尾气污染、城市空气污染以及大气层遭到破坏等由交通造成的污染后果几乎人尽皆知，但是在其背后还隐藏着其他我们所不知道的秘密。越来越多的研究表明，交通工具排放的氮氧化物以及可吸入颗粒物[56-57]等污染物，能够增强空气中花粉的致敏性，增加花粉症发生的概率。此外，花粉致敏原的传播、吸附途径会受到颗粒物（PM）、柴油机尾气颗粒（DEP）、NO_2和SO_2等物质的影响，甚至连花粉的内含物质都会随之改变，从而导致花粉致敏能力的提高[58]。

空气污染物究竟对花粉做了啥？

CO浓度过高会导致桦木花粉塌陷而改变物理结构，PM也会造成桦木花粉颗粒的形状和外壁发生改变；NO_2浓度过高则会使柏木孢粉释放出游离亚颗粒，而SO_2使德黑兰柏木孢粉中总蛋白的质量减少[59]。此外，O_3浓度与花（孢）粉中的致敏原含量呈正相关[58,60]。

④城市热岛效应

城市地面主要为水泥、沥青等硬质物质铺造，这些地面更容易在白天吸热，使空气的对流运动加强，从而引起空气中花粉浓度的增加。到了晚上，因为有工业生产和居民生活等人类活动会产生热量，近地面的空气温度下降较慢，阻碍了花粉的沉降，加上花粉颗粒会随着因地面放热而引起的空气对流运动继续飘散[52]，所以，城市空气中的花粉浓度较郊区会有所升高，这也被称为花粉浓度晚高峰。实验证明：空气中的花粉浓度在同一天内会有两个高峰，分别出现在下午2点和晚上8点这两个时间点前后[61-62]。

在热岛效应的影响下，城市的温度一般比郊区要高，植物的花期得以延长从而产生更多花粉粒。与此同时，致敏性花粉中致敏物质的活性也会随温度的升高而增强，进而增强花粉的致敏能力[48,61]，使花粉污染程度加深。

2. 减少城市绿源污染的措施

植物的存在固然是城市中靓丽的风景，可同时也可能会出现绿源污染问题。我们要理性看待绿源污染，合理搭配、科学管理，在城市变美的同时，也让生活变得更美好。

（1）控制传染源

《黄帝内经》中记载："上工治未病，不治已病，此之谓也。"同理，与治理花粉、飞絮等污染物引起的城市绿源污染相比，从源头防止危害人体健康的花粉和飞絮的产生是最好的措施。所以在选择绿化植物的时候，要考虑植物本身的特性，尽量避免选用花粉量大、抗原性强、致敏率高和散播范围广[63]的植物。

对于一些存在花粉致敏性但绿化效果好的植物也可以选用，但是要注意种植方法。在种植时，要确保所种植物的数量处于较低水平，同时混合种植多种植物，以避免因单一致敏植物聚集而加深污染危害。此外，花粉在传播过程中还受到风向的影响，而风会频繁地从某个方向刮入城市，也就是地理中的"上风口"。为避免致敏物质传播到人口密集的居民区，致敏的植物应当被种植于城市的"下风口"处或与风向相垂直的城市边缘。总之，会产生绿源污染的植物尽量要远离房前屋后的庭院、建筑群和公园道路两边、游憩绿地等一些人们经常生产生活的场所。至于已经种植的致敏性树种，可以通过修剪枝条或喷洒药水等手段来阻止其开花，并控制水肥条件以限制其生长和开花[11,48,64]。

只有控制好致敏植物这一绿源污染产生的根源，才能从根本上解决城市绿源污染问题，改善人们的生活质量。

（2）切断传播途径

如果绿源污染已经产生，就需要采取措施来减少影响到人们生活的绿源污染物数量。可以通过种植非污染性乔木林带，将污染物与居民区进行一定程度上的隔离；也可以通过增加城市湿地面积来吸附花粉、飞毛、飞絮等绿源污染物，从而减少空气中的绿源污染物含量[52]。当然，人们也可以主动采取防护措施来减少与绿源污染物之间的接触。

结语： 花粉小之又小，却给我们的生活带来了很多意想不到的困扰。我们应该时刻关注其动向，及时作出有效之举。不管是预防还是治疗，对抗花粉症，我们一直在路上！

第二节　动植物疫情安全——花粉与微生物

引言：人类、动植物、微生物、寄生物与无机元素（如地形、气候、土壤、水文）等构成相互关联、相互依存、相互影响、长期共存的生态系统，当生态系统被某些因素影响并打破后，会造成人类与自然界的不协调发展[65]。众所周知，一个系统里的组成成分发生了改变，会使整个系统发生相应改变。全球气候变暖、森林植被覆盖面积减少、水土污染、空气污染、植物生长受威胁等问题的出现，造成了生态系统因子的改变[66]，而这些因子的改变最终会造成一整个生态系统的改变，从而破坏人类、动植物、微生物赖以生存的环境条件。组分影响系统，系统反作用于组分。随之而来的后果给人类造成了巨大困扰，比如，全球气候变化无常和大气臭氧层遭到破坏等。这些问题也成为了将来人类所面临的一大挑战[66]。

一、微生物与花粉的相爱相杀

1. 微生物——打不死的"小强"

可能大家有一个问题，那就是微生物到底是什么呢？答案在这里：微生物是一群形体微小、结构简单、分布广泛的微小生物。又分为：非细胞型微生物（如病毒）、原核细胞型微生物（如细菌、放线菌、支原体、衣原体、立克次体和螺旋体等）和真核细胞型微生物（如真菌）[67]。其分布广泛，散布于我们日常生活的环境中，为了我们自身的健康，我们需要充分地去了解和认识它们。

首先，生态平衡受到破坏会出现一些极端气候，对人类及其生活造成了很多不便，然而，极端气候却给一些病原微生物及吸血昆虫的生长和生存创造了有利条件。比如在野生环境中，气候变化会导致一些动物及其中间宿主的生存率大大增加，动物在一定程度上会携带更多的微生物。气候变化还会导致一些鸟类和蚊虫的迁徙，这种迁徙对病菌来说，相当于免费的"顺风车"，病菌开始"长脚"，传播速度也大大加快。与此同时，一些鼠类因缺少天敌而大量繁殖成灾。那些寄生在野生动物和吸血昆虫身上的微生物，随着它们的迁徙而四处传播，甚至引发疫病。最终，自然界中一些微生物（病毒与细菌等），由于受到外界环境因素的胁迫（如人工使用疫苗接种、抗菌药物作用等），为了更好地生存下去，开始演化产生基因突变与重组，出现一些新的毒株或"超级耐药菌株"来适应新环境。俗话说，哪里有"压迫"，哪里就有"反抗"[66]。另外，微生物产生变异时，谁也不知道会不会出现感染力度更强的病原体。原本无致病性的微生物因为基因重组而可能增加了可以致病的毒力基因，或者原本有致病性的微生物因为基因重组变得毒力更加强大，传染性更强[67]。这都是一些我们不希望却又难以预判和改变的事情。

2. 微生物感染花粉

花粉制品因其丰富的营养和较好的保健效用，一直以来都是人类和小蜜蜂的宠儿。微生物们因此"吃醋不满"，它们就扰乱花粉的平静生活，感染花粉并产生一些有害物质，危害人体健康。蜂花粉中大量微生物的存在会危害蜜蜂生长繁殖、降低蜂蜜质量、损害蜂农经济利益等。研究表明，霉菌污染花粉的情况比细菌污染花粉的情况要更严重[68]。蜂花粉的细菌污染水平低，菌群多样性水平低，常见的病原菌，如沙门氏菌、克雷伯菌、金黄色葡萄球菌等，均未在蜂花粉污染中被发现；霉菌污染相对细菌更严重；真菌菌群多样性相对细菌较高，同时发现可产生真菌毒素的真菌含量丰富，具有较高的食品安全风险[68]。蜂花粉作为保健品，涉及食品安全，会直接影响人的健康。因此，非常有必要加强对花粉食品安全问题的调查和研究。

其次，花粉在未加工之前长期暴露在空气中，很有可能受到微生物的污染，所以花粉产品在生产加工的时候，需要工作人员对微生物的危害水平进行定性定量检测。现实生活中，有不少黑心商家为了压缩生产成本，省略一些他看起来"不必要"的加工步骤，忽略对微生物危害水平的检测，造成花粉的微生物二次感染，简单完成包装后就将产品推向市场进行销售。微生物产生的毒素引起长期或危及生命的严重中毒后果，即所谓的"食源性中毒"，又称"毒素性食物"，给人类生命安全带来了巨大的威胁[69]。因此，国家和社会加强对花粉食品生产的监管尤其重要，希望各花粉产品商家能意识到被微生物感染的严重性，从而加强生产过程中微生物危害水平的检测。同时，也希望大众在购买花粉产品时，一定要在正规的商店进行购买，不要因为贪小便宜而使自己的健康陷入威胁。

3. 剪不断，理还乱——花粉与微生物的纠葛

当然，花粉本身具有抗炎、抗氧化等多种生物学功能，其提取物中的活性成分能有较好的抑菌抗病毒作用[70-77]（见表4-8）。

表 4-8　花粉的功效及其抑菌作用

花粉名称	功效	抑菌作用
蜂花粉	有效的抗氧化剂，具有抗动脉粥样硬化活性和抗菌活性，对心脏病、高血压、高血脂、高血糖等心脑血管疾病具有较好的预防和改善作用，可调节人体免疫能力和神经系统	蜂花粉提取物对大肠菌群、金黄色葡萄球菌以及其他致病菌（如乙型链球菌、沙门氏菌、葡萄球菌）有抑制作用。此外，研究表明，蜂花粉中的活性多糖不仅有发挥抑菌和解毒的作用，还能通过机体免疫防御功能发挥抑菌抗病毒的作用。国外研究者通过大量实验发现，智利的蜂花粉提取物对化脓球菌有良好的抗菌作用，葵花的蜂花粉提取物对革兰氏阳性菌有较好的抗菌作用
松花粉	食疗花粉界的大明星——松花粉在我国食疗历史已有千年之久。现代被广泛用于制药行业，具有调节血糖、血脂代谢，抗炎、抗氧化等多种生物学功能，同时能增强人体免疫力、改善肠胃功能、增进食欲、帮助消化、对胃肠功能紊乱症有明显的调节作用	人或者动物肠道内寄生着以破伤风杆菌和肉毒梭菌为代表的梭状芽孢杆菌，它们会产生不同毒素，导致人和动物胃肠功能紊乱，但松花粉被发现可以对这种致病菌群起到一定的杀灭作用
小麦花粉	小麦花粉多糖可以抑制引起食品腐败的微生物生长，用于防腐保鲜	小麦花粉活性多糖可较好地抑制葡萄球菌、变形杆菌、绿脓假单孢菌和痢疾志贺氏菌等细菌，也可抑制真菌，但对细菌的抑制效力强于对真菌的抑制效力

通过对茶花粉与荷花粉真菌和细菌菌群结构分析，了解蜂花粉的微生物污染情况及菌群结构。研究人员发现，两者蜂花粉的细菌菌群中蓝细菌、肠杆菌科类细菌及乳杆菌较多，乳酸菌是蜜蜂肠道的主要菌群之一。而真菌小戴卫霉科（Davidiellaceae）、曲霉属、青霉菌属和镰孢菌属则占比较高，真菌菌群多样性差异显著，可以产真菌毒素的霉菌丰富，具有食品安全风险[78]。

二、植物疫情——花粉大战病毒

植物家族是生态圈中自力更生的一族，除少数"懒惰又狡猾"的植物不自给自足，靠引诱并吞食昆虫或排泄物为生外，其他"勤奋"的植物们都通过自身能力——光合作用，吸收二氧化碳并放出氧气，产生有机物，既为自己也为生态圈中的其他动物提供能量。作为食物链中重要的一环，植物家族的蒸腾作用对地球水循环也功不可没；在防风固沙、减少地表径流、减噪、滞尘等方面也发挥了重要作用。由此可见，植物家族在生物圈的生态系统、物质循环和能量流动中占据关键地位，一旦植物家族发生不测，受影响的是整个生态系统，所以，植物疫情研究和分析是对人类和整个生态文明的安全保障。

1. 病毒初印象

病毒是人类迄今为止最阴险恶毒的敌人。病毒虽小，能力强大，人类历史上，每一次大规模的病毒爆发都会造成不计其数的生命凋亡，带来深重灾难。病毒不仅仅是人类的最大威胁，同时，它也会侵犯植物。在感染病毒后，植物的组织器官会发生病变，其生长发育以及繁殖都会受到不同程度的威胁，从而造成农作物的败育和减产。

植物感染病毒引起的疾病，素有"植物癌症"之称，给农业生产造成了严重的经济损失，是最难防控的植物病害之一。植物病毒可以通过多种方式来进行传播，一般可分为介体传播与非介体传播。介体传播可以通过蚜虫、叶蝉、飞虱或者土壤中的线虫、真菌等作为中介体；而通过汁液、种子、花粉等的传播方式为非介体传播[79]。同时，与人类感染病毒一样，植物病毒也会给植物本身带来各种不适，根据其感染部位的不同出现不同的症状，如花叶部位会出现斑驳、畸形，甚至坏死[79]。这里我们主要讨论病毒感染花粉，从而导致植物出现的一些病状。目前研究发现，虽然花粉也能够传播病毒，但是病毒通过花粉传播的频率相对较低，而且具体的传播形式还有待深入研究[79]。除通过花粉传播病毒对植物造成影响外，病毒还会对花粉自身产生影响，从而干扰植物的受精过程，最终造成植物的败育。

（1）对花粉粒形态维持的影响

有学者开展了以烟草花叶病毒（TMV）感染干花粉的实验，并探究病毒感染对花粉形态和形态变化的影响[80]。实验发现：与健康植物相比，随着烟草花叶病毒（TMV）感染程度的增加，烟草花粉粒的大小和形态变形愈发严重。同时，感染病毒的植物中，蛋白质的数量和种类与正常植物差异明显，感染植物的花叶发育也较为迟缓[80]。然而，研究结果并未得出两者具体明晰的相关性，尚缺少数据和相关研究的支持，证明这些因子之间的直接联系，是未来该领域科研的一个重要研究方向。

（2）对花粉萌发率的影响

据有关研究报道，感染了病毒的番茄植株，花粉萌发率较低。正常情况下，健康番茄植株的萌发可分为以下几个阶段：在植株花朵开花前，花粉均不具有萌发力；在开花当天，花粉具有一定的萌发率，但是萌发率并非最高；而开花后第一天，花粉萌发率为历史最高水平；开花后3天，仍然具有一定萌发率[81]。对比感染植株发现，感染植株每个对应时期均比健康植株的萌发率低，而在感染植株中，游离脯氨酸含量明显降低[81]。此外，植物游离脯氨酸含量还受到外界水分、温度等环境因子影响，所以，是否是因为感染病毒导致该氨基酸含量下降，或者是其他因素导致其下降从而导致花粉萌发率下降[81]，这些问题都亟待考证。

（3）对花粉受精的影响

学者通过观察易感和抗病毒野生南瓜植株的花粉产量和受精率来判断西葫芦黄色花叶病毒（ZYMV）感染对植株产生的影响[82]。实验表明：西葫芦黄色花叶病毒感染降低了每株植物的花和果实产量以及每朵花的花粉产量，对可授给同种植物其他个体的花粉数量也产生不利影响；在竞争条件下，受感染植物的花粉也不太可能产生种子，花柱内的花粉竞争，增加了胚珠被来自受到病毒感染威胁时生长旺盛的健康植株的花粉受精的可能性[82]。

生活小贴士

植物的胚胎败育[19]

许多植物都存在胚胎败育现象，如番茄、大豆、花生、葡萄、荔枝、杏、柿子、芒果等。不同植物胚胎败育发生的时期有所不同，研究表明：一些植物，如荔枝、葡萄等，胚胎败育受其内部分泌的激素、多胺、酚类物质变化等因素影响。还与外界温度、光照时长、水分等相关，如番茄、大豆、朝鲜蒲公英等。

2. 植物败育

花的健康发育是被子植物发育的重要环节，花发育是植物个体由营养生长向繁殖生长的结果。其次，花发育得健康与否决定了植物个体能否成功繁殖。植物败育主要表现为胚胎败育。由于外界环境、植物内部生理机制、微生物感染等多种因素影响，使植物花粉发育异常。雄蕊在产生可育的花粉之前，在生理、生化、形态等任何一个环节受阻，花粉就不能正常发育，从而致使花粉无法正常繁殖，导致败育[84]。目前研究发现，引起植物胚胎败育的原因主要有以下几种：雄性败育、雌性败育、授粉受精不良、合子发育不良以及胚乳败育等[85]。这里，我们将列举两种与花粉相关的败育类型。

（1）雄性败育

花粉败育是雄性败育的一种主要类型。植物受精过程主要是依赖成熟有活力的花粉粒落在柱头表面，经识别、黏附、萌发形成花粉管，花粉管将雄配子运输至胚囊，完成受精过程[84]。花粉母细胞经过减数、有丝分裂等过程发育成为成熟花粉粒，在此过程中，若受到不利因素影响，都会导致花粉败育。花粉败育受多种因素影响，极端外部环境（高温干旱）、光照条件等均会导致花粉数量减少，而且随着高温时间延长、光照时间增长，花粉数量趋于减少，导致花粉受精概率降低[86]；受外界或自身因素影响，植物基因调控发生改变，植物激素分泌异常，花药壁细胞最内层绒黏层异常降解都将导致植物花粉败育[87]。

影响经济作物产量的因素有很多，结实率下降是其中一个比较重要的因素，而造成结实率下降的原因首先是因为花粉败育。例如，水稻抽穗开花期如果遇到高温干旱，就会导致空壳、瘪谷等结实率下降的情况。国内外大量研究证明：抽穗期高温胁迫对水稻花粉活力与结实率的影响，造成水稻减产的主要原因是阻碍花粉成熟与花药开裂，花药无法开裂造成花粉散落在柱头上的概率减小，阻碍花粉在柱头上萌发、花粉管伸长，最终引起不受精，导致不育[86]。

（2）授粉受精不良

授粉受精不良主要有两种形式：一种为"开头难"，即花粉落在柱头上不萌发；另一种为"路途险"，即使已经有了花粉管，但是因为它生长过于迟缓，花粉不能及时进入内部从而无法完成整个受精过程[88]。目前发现，影响授粉受精的主要有两方面的原因：首先，植物自身营养是否满足花粉粒、花粉管发育成熟？雌蕊是否健康？受精不良的植株常常出现花柱弯曲、矮小等"营养不良"的症状[88-89]。其次，时间和空间也是重要的影响因素。在不合适的时间授粉，受精成功率自然会下降。气候变化无常，花粉管的生长以及传粉昆虫的活动频率也会受到光、温、风等气候因子的影响，从而直接影响花粉受精成功率[89]。具体表现为：空气湿度过低且较为干燥时，当花粉落在柱头上，柱头分泌物质不易黏住花粉，导致花粉飘落，因而受精失败；或者雨水过多时，会导致花粉吸水膨胀，不能顺利进入柱头，不能完成受精[90]。这两种情况均是在一开始就造成了不可挽回的结果。坐果差、结实率低、果实品质不好或无法受精均与植物授粉受精不良有关。这些现象在很多植物中均会出现，例如，草原樱桃与欧洲甜樱桃远缘杂交过程中，之所以无法进行授粉受精，首先，是因为柱头横向生长，且生长方式较为扭曲，所以导致花粉不能顺利进入花柱[91-92]；其次，即使有少量花粉进入花柱，花粉管也会停止生长，无法成功受精[92]。西瓜化瓜和坐瓜不良均是因为其花期受阴雨、温度等因素影响，导致其授粉受精不良[93]。核桃授粉受精不良，会引起落花落果，从而影响产量[94]。花果产量降低势必会影响我们的生活质量。因此，为了避免授粉受精不良，我们常常会进行人工授粉，人为筛选合适的温度、湿度，以及在最合适的时间，即受精率最高的时间进行人工授粉[85]。人工授粉在果树等经济作物繁育中被广泛使用，如核桃、梨树、苹果、青梅、西瓜等[85]。

3. 植物家族战病毒

植物病毒在传播过程中会利用很多介体，同时也会依附于花粉、种子等进行传播。例如，樱桃病毒家族，其中危害最深的成员就是李属坏死环斑病毒。20世纪30年代，第一次发现了这种病毒是樱桃等李属作物的重要病害之一，该病毒隶属豇豆花叶病毒科等轴不稳环斑病毒属，被列为我国农业和入境检疫性有害生物之一[95]。1964年，研究发现此病毒可被花粉携带传播，1986年，检测出花粉带毒率为5.7%，而且经花粉传播后一般在第二年才开始发病[95]。病毒附着在花粉表面，失活花粉也可传毒，甚至花粉不萌发、不穿过花柱时，也可以受精传毒。研究表明，很多病毒传播都是依靠花粉带毒从而导致受精成功后的种子带毒率增加[96]。打个比方，就是母亲生病了，胎儿有可能会生病，而若是父亲生病了，那胎儿的发病率会一下子增高。例如，菜豆花叶病毒及洋榆花叶病毒通过种子传播的约占比10%，但雌株受了病株上的花粉后，其后代种子的带毒率可高达80%～90%[96]。

三、动物疫情

1. 动物感染花粉携带的病毒

目前，大约有5%的已知植物病毒是通过花粉传播的，而花粉的传播途径主要有风、水、昆虫、鸟类、哺乳动物等[97]。由动物参与的生物传粉的效率高于仅仅靠风、水等自然力量的非生物传粉，主要原因是植物通过展现鲜艳颜色和散发特殊气味的方法吸引动物朋友来帮助它们传播花粉，昆虫、鸟类等动物有意无意地碰到花朵，花粉粒落在它们身体上，再由它们通过运动带到各地，实现了花粉在大江南北的传播[98]。除我们最熟悉的小蜜蜂可以帮助植物传播花粉外，蝴蝶、鹰蛾、蜂鸟、熊蜂、甲虫、蝙蝠、鼠等动物也都能够帮助传播花粉[99]。

此前提到，一些植物的花粉容易受到病毒感染，那在帮忙传播花粉的过程中，动物会不会遭到毒害呢？中美研究人员通过实验发现，蜜蜂在传粉过程中，会被植物烟草环斑病毒感染[100]。传播过带毒花粉的蜜蜂，除眼睛外的每个部位均可检测到该种病毒，这说明该病毒能侵染蜜蜂的大部分组织。同时，此项研究也首次证实了蜜蜂接触到被病毒污染的花粉也能感染病毒[100]，从而造成动物疫情以及生物安全隐患。

2. 动物粪便中的花粉

在研究花粉与动物的联系时，研究人员发现，花粉经常会出现在食草动物的粪便中[101]。青藏高原东部高寒草甸区放牧家畜的粪便中，被发现主要含有以莎草科、禾本科、龙胆科、毛茛科等植物为主的花粉[102]；家养食草动物粪便中，被发现含有花粉和菌孢子，其所含花粉中禾本科和藜科的含量最高[103]。动物粪便中含有的花粉可以为考古工作提供有价值的线索和依据，同时，这也是花粉传播的一条重要途径。花粉被动物取食后，其携带的病毒可能会参与动物的消化和代谢过程，对动物健康是否产生影响，还亟待进一步研究。

3. 花粉能够影响流感样流行病吗？

荷兰环境与技术科学学者Martijn J.Hoogeveen在2020年提出了花粉数量与流感样流行病的生命周期之间具有负相关性的观点，即空气中的花粉越多，类似流感的病毒在宿主之外生存就愈发困难；2021年，他和其他学者又提出花粉是流感样流行病（包括新型冠状病毒感染）的逆季节性预测因子，花粉水平升高对流感的发病率有抑制作用[104]。然而，Susanne Dunker等研究发现，第一次扩散期间，在莱比锡城市的空气样本（花粉和颗粒物）中，并未检测到新型冠状病毒SARS-CoV-2，不过，这也不意味着花粉彻底与病毒无关，当花粉和颗粒物的浓度较高时，极有可能在花粉和颗粒物上发现病毒[104]。在新型冠状病毒爆发之后，有学者在一项大型的国际研究中提出，空气中的花粉颗粒数增加，可能会有更多的人感染新型冠状病毒肺炎[105]。对于花粉是否能够影响流感样流行病的问题，大家众说纷纭，值得继续将这个问题深入研究下去。

4. 花粉能够增强猪瘟的免疫效果

当然，花粉对于疫情也不全是推波助澜。周旭峰等提出玉米花粉中的多糖具有多种生物活性，对细胞免疫和体液免疫都有显著的增强作用，对机体的免疫功能有强大的调节作用，可将其作为猪瘟疫苗的免疫佐剂[106]；陆芹章等也提出了相同的观点，即玉米花粉多糖对猪体内的细胞免疫和体液免疫具有促进作用[107]。

动植物疫情严重威胁动植物的生存，甚至是人类的生活品质和人体健康。面对如此严峻的形式，需提高动植物疫病疫情检疫防控工作水平，将疫情控制在最小范围和最低程度，以最大限度减少经济损失。

结语： 动植物的一生也并非我们想象的那般平静，它们也会经历风风雨雨、生死病痛。作为自然界的索取者，我们人类更应当负起一份责任，保护动植物。正如习近平总书记指出："绿水青山就是金山银山。"我们要不断地平衡发展与生态之间的关系，才能获得更大的共赢，携手共同守护我们美好的家园。

第三节　应用生物技术安全——花粉制剂与药物载体

引言：在我们的生活中，无论你身处农村还是热闹繁华的大城市，鲜花和小草几乎随处可见，正是它们的存在，为这个世界增添了色彩，带来了美与希望。阳光明媚的春天，万里无云，窗外微风吹拂，小草舒展着它嫩绿的新叶，柳树摇曳着它婀娜的枝条，三两只顽皮的小鸟在枝头嬉戏。路边百花齐放，花儿们争相斗艳，勤劳的小蜜蜂们又开始了一天的忙碌，这一切都显得生机勃勃。当你踩着柔软的草地，轻轻地将鼻尖凑到鲜艳的花朵上，吸上一口经久不散的芬芳时，一不小心，那仅仅只有几十微米的花粉粒便可在胸腔回荡。虽然花粉粒微小的身躯可以顺着呼吸道直接进入我们的身体中，令花粉致敏人群不寒而栗。但是，万万没想到，它娇小的身躯（躯壳）居然可以作为载体，辅助携带对人体有益的药物和保健品，制成生物"胶囊"，便于患者吸收，让我们获得意外的惊喜！这一切主要归功于它稳定的花粉壁腔隙可容纳并存储相应的药物。下面跟我们一起走进花粉和药物的世界，感受它们的神奇之处吧！

一、花粉结构知多少

在介绍花粉制剂之前，首先，要带大家再回顾一下花粉形态特别是其外部结构，在大众原有的认知里，花粉只是一些存在于花蕊上的"粉状物质"。其实，一粒一粒的小花粉有很多神奇之处。植物花粉形状独特，外壁结构复杂，纹饰精细多样，遗传上具有较强的保守性和稳定性[108]。大自然中有许多植物，它们争奇斗艳，各有特点。对于每种植物来说，它们不仅植株形态、花朵、果实不同，它们的花粉结构也存在着较大差异。正如德国哲学家莱布尼茨所说："世界上没有完全相同的两片树叶。"花粉亦是如此，花粉粒多为球形，也有舟形、三角形、多边形、线形、不规则的块状。球形花粉又可以分为扁球形、球形、长球形三种主要类型。以球形花粉为例，我们可以把花粉比作一个篮球，当篮球充满气体的时候它是硬的，但是当我们把气放掉之后，篮球依然有一层坚硬的外壳。其实，篮球的外壳就像是我们通常所说的花粉壁，可以把篮球内胆充满的空气比作花粉内含物。花粉最外层的结构称为花粉壁，花粉壁通常由外壁和内壁两个部分组成。构成内壁的主要成分是果胶纤维素，抗性较差，酸碱处理后易分解，落到地表后，一段时间后就会腐烂；而外壁主要成分是孢粉素，具有较强的抗腐蚀及抗酸碱性，在地层中经历千百万年仍然保存完好。花粉壁像一个千层蛋糕，一层接一层，从外往内分别是覆盖层上元素、外壁外层、外壁内层、内壁，而外壁外层又包括覆盖层、覆盖下结构、基足层。覆盖层发育不完全时，又可分为半覆盖层或无覆盖层。覆盖下结构一般为柱状层，有形状似柱状或棒状的结构。最内层为基足层。正是由于一层接着一层的结构，才形成了花粉表面坚硬复杂的结构和各种纷繁多样的表面纹饰（见第一章）。

　　就算是同一朵花上的花粉，细看之下，它们的大小也因生境、发育、营养状况而略有差异，它们造型各异、千奇百怪，其中还有很多奥秘值得我们去探寻。讲到这里，想必在你的脑海里已经有花粉的大致轮廓了。

　　那么，小小的花粉是怎样发挥其营养价值的呢？花粉最具营养价值的部分就是花粉内含物，它就像襁褓中的小婴儿，受外层坚硬的花粉壁保护着，当我们要提取里面的花粉内含物时，就需要对花粉进行"破壁"处理。前人经过长期摸索和探究，创造出SR萃取破壁法与WA萃取破壁法，将两种工艺制作的药剂应用于临床治疗后发现，用SR法制作的B型片疗效明显优于用WA法制作的A型片[109]。除了这两种方法，目前研究认为，发酵法破壁（45℃以下，发酵48～60小时）可使其生物活性物质不受破坏[110]。营养物质提取效果以乙醇渗透法较好，用球磨法破壁和未破壁花粉渗流液比较，17种氨基酸含量基本相同。一般认为固体制剂中的花粉以不破壁为好，可通过花粉粒萌发孔释放营养物质，具有缓释作用，如花粉片、花粉糕和花粉糖等；液体制剂中的花粉以破壁为好，如花粉口服液、花粉粥、花粉饮料和外用花粉霜、皂等。

其实花粉的妙用历史悠久，应用于生活、医疗、养生等方方面面。如今随着生物技术的发展，花粉更多潜在的价值得以不断的挖掘，市场上也因此出现了较多种类的蜂花粉制剂或复方常用制剂。这些制剂到底有哪些呢？它们又都有哪些疗效呢？

科普小贴士

花粉饮料的制作[4]

原花粉粒→破壁→调配→均质→脱气→灌装→杀菌→冷却→成品

1. 破壁处理采用温差破壁法，通过低温冷冻，将花粉粒置于-25℃至-15℃低温下进行24小时冷冻，随后迅速倒入60～70℃热水解冻融化，融化过程伴随搅拌。温度的急剧变化可达到破壁的目的，使花粉营养物质最大限度释放出来。

2. 调配花粉和蜂蜜的混合物，二者的结合可保留蜂蜜和蜂花粉的原有营养价值，同时也调节了花粉的口味。可使用一定的稳定剂和护色剂，使花粉饮料状态稳定、口感细腻。调配好的花粉饮料经过胶体磨和均质机后脱气，灌装。

3. 杀菌花粉为热敏性物质，杀菌温度不宜过高。一般采取巴氏杀菌法。

二、花粉常用制剂类型

1. 花粉饮料

饮料可以说是日常生活中深受人们喜爱的饮品之一，但是你听说过花粉饮料吗？随着生活水平的提高以及现代的快节奏生活，人们的健康意识不断增强，饮料的种类也越来越来多，且向着更健康的方向发展。花粉饮料就是其中健康、营养，具有保健功能的制剂之一，在我国有较广阔的市场前景[111]。

花粉是一种极具保健功能的食品。国外许多运动员经常食用花粉，我国国家体育运动委员会也将花粉指定为我国运动员的保健食品[112]。但是，目前市场上销售的花粉饮料却很少，这是为何？难道因为其价高，当然不是，是因为花粉具有独特的气味，其气味难以遮盖，会影响饮料的口感，所以饮料口感不佳，目前正在通过食品科学研究攻克此瓶颈。实验发现，花粉原料采用微生物发酵法提取效果较好，口感均衡，异味甚少，香气宜人[113-114]。

（1）茶花粉饮料

对茶花粉、油茶花粉和混合花粉中的水解氨基酸、必需氨基酸和游离氨基酸分别进行了平行测定，结果表明：茶花粉中氨基酸种类齐全，与其他天然花粉一样，脯氨酸含量很高，水解必需氨基酸和游离氨基酸的总量均高于油茶花粉和混合花粉，由此得出，茶花粉可以作为天然氨基酸的优质来源[115-116]。利用原子吸收法对葵花粉和茶花粉中的锌、铁、钙、镁、铜、锰、钾、钠等8种无机元素的含量进行检测，结果表明：葵花粉和茶花粉中均含有较高的微量元素，茶花粉中钙之外的7种元素含量均接近或略高于葵花粉的含量。这项研究为茶花粉微量元素保健品的开发提供了基础数据[117]。茶花粉饮料清香、酸甜可口，有一定美容、护肤、延年益寿的保健功能[112]。

（2）玉米花粉饮料

玉米花粉不仅含有人体所需的各种营养物质，还含有许多生物活性物质，如多糖、黄酮、酶类等。以玉米花粉为原料开发的功能性饮料，口感独特，尤其适合中老年人和儿童饮用，消费趋势看好，具有广阔的市场前景[118]。玉米花粉保健饮料是将破壁后的玉米花粉液经离心、精滤，取乳精液后，按一定比例和蔗糖、蜂蜜、柠檬酸等复配调制而成。也可和果汁复配。此外，还有发酵型的玉米花粉饮料，其制作工艺为：将筛选出的玉米花粉破壁后的乳液加奶调配，灭菌后接入菌种，经发酵制得[119]。玉米花粉也被研制成一类适合于"三高"人群饮用的保健饮料，玉米花粉、芹菜、苦瓜等几种原料食品的药用价值均有降压、降血脂和降血糖的功效，此类保健饮料具有广阔的市场前景[120]。

（3）松花粉饮料

云南松的花粉资源量大，营养及功能成分全面、丰富，并被报道具有抗疲劳、免疫调节、延缓衰老和调节血脂的作用。此外，经相关毒理性实验，证实马尾松、油松、黑松花粉具有一定的食用安全性[121]。将云南松的花粉制成营养保健型饮料，花粉的贮藏条件和脱敏、脱臭工艺简单，破壁效率高达98%，操作简便，成本低，不含防腐剂色素[122]。将松花粉制成饮料，色泽鲜明，呈深黄色，入口酸甜适宜，且松花粉的特殊苦味得到了较好的包埋[123]。目前，市面上较常见的是刺梨-松花粉复合饮料，刺梨、松花粉二者均营养丰富并具有明显降血压、降血脂功能，作为原料可生产出高营养强功能的复合饮料[124]。荞麦-松花粉复合营养格瓦斯饮料，这种复合功能的格瓦斯饮料，具有复合营养及保健功能，颜色清亮、味道馥郁、口感醇厚，可以增加饮品的种类，满足不同人群的口味[125]。

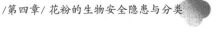

自制蜂花粉饮料[126]

原料： 蜂花粉（蜂农用脱粉器收集的花粉团晾干）1勺，大约30克，蜂蜜1勺。

制法： 将蜂花粉舀入碗内用开水冲兑，再用筷子向一个方向旋转调匀，使杂质下沉。1分钟后，滤去液面上漂浮的杂质，慢慢倒入另一只杯中。沉淀在碗底的渣子和杂质丢弃，然后将蜂蜜倒入拌匀，即可饮用。

体会： 饮香甜可口的蜂花粉饮料可滋养身体。如果是油菜开花时收集的蜂花粉，经常饮用，对患有前列腺增生的老年男性有一定益处。

2. 花粉复合物制剂

（1）玉米荞麦瓜类花粉丸

玉米是农村最常见的农作物之一，常常走上我们的餐桌。但你知道吗？玉米、荞麦、瓜等三类植物的花粉可以混合在一起制成花粉丸。其大致的制作过程就是将占比80%的玉米蜂花粉、占比10%的荞麦蜂花粉、占比10%的瓜类蜂花粉，经破壁研碎脱敏后，添加淀粉、蜂蜜搅拌均匀，压制成丸[127]。这种含有粗纤维的食品可以促进肠胃蠕动，帮助消化。玉米花粉丸可健脾消食、提高营养素互补、调节营养平衡。如果家里有身体虚弱、营养不良的中老年人和儿童，可以到医院或者药店进行相关产品咨询。

（2）荞麦油菜花粉片

"凌寒冒雪几经霜，一沐春风万顷黄。映带斜阳金满眼，英残骨碎籽犹香。"这是孙犁先生《菜花》一诗对油菜花的描述，提到"油菜花"一词，我们脑海里自然而然地就浮现出了诗中"金满眼"场景。油菜花的花粉也极具药用价值，在民间就把其花粉与荞麦花粉一起制成片剂。其制作方法是将荞麦蜂花粉、油菜蜂花粉按比例混合粉碎成细粉，添加辅料，压制成片。对高脂血症、职业性苯、铅中毒及尘肺等有良好的辅助治疗作用[127]。

（3）蜂花粉米糕

甜甜的米糕应该是很多人童年记忆里的一部分吧！小时候卖米糕的老爷爷推着吱呀作响的车子从门前经过时，小朋友们总要向爸爸妈妈要几块钱去买一块软糯又香甜可口的米糕。但是，你吃过蜂花粉米糕吗？其实它跟普通米糕制作过程大同小异，以大米（小米、燕麦）为原料，配以蜂花粉、蜂蜜，添加辅料（芝麻、桂花）调制加工而成，与米共研，压制成糕，在日常生活中常被人们当作点心食用。

图 4-1　蜂花粉米糕

（4）党参花粉蜜膏

党参是一种传统的药食同源中药材，既可以用于食物烹调（常用于炖汤），又是中医常用的补益药。党参蜜和党参蜂花粉混合加工后可熬制成党参花粉蜜膏。党参性平、味甘，具有益气生血的功效，对气血两虚及其所致的面色萎黄、头昏心悸等有一定疗效。

（5）蜂花粉蜜口服液

蜂花粉蜜的原料是蜂花粉和蜂蜜，花粉和蜂花粉的区别已在前面的部分进行了具体介绍。该口服液由蒸馏水、柠檬酸、硅藻土、香精、苯甲酸钠等配制而成。同样适用于营养不良、身体虚弱的人群，包括慢性疾病和病后调理患者。

（6）蜂花粉护肤美容剂

蜂花粉不仅对健康有益，还可以美容护肤，在这个人人爱美的时代备受追捧。蜂花粉分别经水和乙醇浸泡并提取其营养成分后，添加辅料加工成不同浓度的护肤美容液，美容液中含有促进皮肤新陈代谢的活性因子[127]，皮肤新陈代谢的能力会随着年龄增长逐渐减弱，所谓"岁月的痕迹"其实一般来说就是色素沉积和生成皱纹的结果。皮肤细胞受损后会失去细胞活力，用蜂花粉制成的美容剂有促进受损细胞恢复活力的作用，对皮肤病起到防治作用。蜂花粉护肤美容剂在生活中并不少见，它们款式多样，如花粉参奶美容露、花粉芦荟美容膏、花粉白醋美容膏、花粉蜜润肤膏、蜂花粉牛奶蜂胶酊、花粉姜汁蜂胶膏、花粉氧化锌软膏、花粉蛋黄苹果蜜汁、花粉蛋清汁等。虽然蜂花粉美容品种繁多，但临床研究表明，皮肤适应性和抗敏性也因人的体质而异，所以，消费者在购买花粉相关的美容品或面膜制剂时，应根据自己的皮肤特质谨慎选择[127]。

（7）蜂花粉核酸蜜合剂

蜂花粉核酸蜜合剂的原料是蜂花粉中花粉核酸（核苷酸）的有效成分，配料除蜂蜜外还要加入多种酶。老年人是慢性病和疑难杂症的常见人群，适当补充核酸类物质可以促进人体核酸类物质的代谢。

（8）蜂花粉多糖蜜合剂

该种蜜合剂与上述的蜜合剂大同小异，主要提取物为花粉中的多糖类有效成分，配料相似，起到增强人体免疫力和一定的抗肿瘤作用，可以作为免疫增强剂来使用。

（9）蜂花粉与中药配方制剂

中药材种类多样，它们与蜂花粉可以复合成很多类型的制剂，如归芪花粉蜜膏、当归补血蜜膏、归芪银花甘草蜜膏、归芎花粉口服液、田七花粉蜜口服液、枣楂花粉薏米粥、芝麻花粉蜜膏、归桃芝麻花粉蜜膏、甘草柑橘花粉蜜膏等，均是良好的复方制剂。不同制剂对人体有不同疗效[127]。

上面提到蜂花粉复方制剂中，有没有你食用或者使用过的一类呢？随着科学技术的发展，蜂花粉复方制剂的种类和形式也在日新月异地研发。很多花粉经过破壁技术处理后被融入了药物中，制成了胶囊、片剂等类型的药物。

3. 花粉胶囊

（1）花粉胶囊与便秘

便秘让人困扰不堪，便秘时你是不是会上网搜集一些治疗方法？想必便秘的人都没少吃香蕉，也用了各种土方，或者没少到药店购买一些治疗便秘的药。便秘是现代临床常见的一种多发疾病。当今社会经济不断发展，人民生活水平逐渐提高，在生活节奏加快、精神压力加大、饮食结构改变等各种因素的综合影响下，患上便秘的人数也在逐年增加。据统计，30岁以上的便秘患者约占人群的23%，胃肠功能下降的老年患者则占50%以上[128]。目前，市场上治疗便秘的保健品和药品种类甚多，常用的通便产品仍以添加了二酚类或蒽醌类的刺激性泻药为主，包括大黄、芦荟、何首乌、番泻叶等。这类产品的作用机制主要是通过刺激肠道引起肠道炎症，从而促进人体排便，显而易见，这类药物长期或者过量使用会引起消化道的一系列毒性反应。

国内外大量研究和临床实践发现[128]，蜂花粉和低聚木糖均能润肠通便，而且能调节人体微生态菌群，恢复肠道蠕动功能，增强自身免疫。两者的复合制剂——蜂花粉低聚木糖软胶囊，其主要成分是蜂花粉和低聚木糖，二者均安全无毒、不伤肠道，可长期服用。另外，该胶囊添加了紫苏籽油，紫苏籽油含有大量的α-亚麻酸，亦能起到润肠通便的作用。

（2）花粉胶囊与慢性前列腺炎

前列腺炎是以尿道刺激症状和慢性盆腔疼痛为主要临床表现的前列腺疾病，

是泌尿外科的常见病，患者以中老年男性居多。前列腺炎的病因机制至今仍然没有得到较好的阐释，特别是非细菌性前列腺炎，其治疗以改善症状为主。油菜花粉所制成的花粉胶囊[129]，通过"补""泻""活"的方法，在治疗慢性前列腺炎上取得了较好的临床疗效。油菜花粉对前列腺炎的治疗也在前几章中有介绍。由油菜花粉制成的花粉复合制剂，具有益肾固本、调节免疫的功能，是前列腺疾患的专用药[129]。

科普小处方

花粉胶囊 [127]

原料：荜澄茄 100 克、油菜花粉 150 克、荜茇 60 克、芡实 60 克、桑螵蛸 60 克、王不留行 60 克、怀牛膝 60 克。

制法：上述药材除花粉外，焙干研之极细，再将花粉纳入，拌匀，再研极细，装入胶囊内。

（3）花粉胶囊与肾阳虚

"中医学"上认为，肾阳虚证[130]大多是由于素体阳虚，或者是由于年纪大身体逐渐虚弱、身体有长期未得到根治的病、房事过多等引起。肾阳虚的临床症状主要表现为畏寒肢冷、性欲减退、腰膝酸软、精神萎靡、夜尿频多、尿失禁、排便异常等。正常情况下，肾阳虚引起的排尿疾病一般不会威胁患者生命，所以很多患者对该病危害认识不够、重视不足，没有及时治疗，一再拖延出现了下尿路症状、膀胱过度活动症、性功能障碍、不育等严重并发症，严重影响患者的生活质量[130]。花粉应用于肾阳虚的治疗已不断有研究报道，油菜花粉具有益肾、固本、强腰等作用，"药理学"研究证明，其能够预防心血管疾病、调节血糖、调节机体内代谢和内分泌、抑制前列腺增生等[131]。

（4）花粉胶囊与高脂血症

高脂血症是血液内各项成分指标含量及比例失调的一种全身性疾病，又称为血脂异常或高脂蛋白血症。一般来说，会出现总胆固醇、甘油三酯、低密度脂蛋白胆固醇等三项指标偏高，而高密度脂蛋白胆固醇偏低的情况。高脂血症容易导致动脉粥样硬化，进而引发其他致命性心血管疾病，对健康构成巨大威胁[132]。目前，治疗高脂血症基本上还是以药物控制为主，相关药物如有他汀类、贝特类、烟酸类和胆汁酸螯合剂等[133]。这些药物虽暂时能够降低血脂，但副作用较大，长期服用会损伤肝肾，引发很多药源性疾病。

加入了天然维生素E、马尾松花粉的CO_2超临界萃取物是日常降血脂的常用药物。该制剂的循证医学数据[134]表明，该组方在降血脂方面具有显著功效，马尾松花粉降血脂有效成分还可以逐步改善人体内脏功能。

（5）花粉胶囊与癌症

癌症发展迅速、死亡率高。据报道，我国每年因癌症去世的患者有近400万人。现如今可谓是谈"癌"色变，尤其是恶性肿瘤，无论是在农村还是城市，都高居重大疾病死亡人数之首，迄今为止仍无治癌妙药。化疗是癌症治疗的一种主要方式，但副作用较大，极大地削弱了患者抵抗力，同时花费巨大。因此，在发病前就做好癌症的防控显得尤为重要。前面已述，养蜂人很少患癌症，被推测为他们经常食用花粉，提高了抗癌免疫力，但花粉是否能治疗癌症，还需要大量的科学研究和临床实践求证。

说到花粉和癌症，还有这么一个故事。天然麝香是名贵的中药材，是野生麝獐等珍奇动物的脐带产物，资源极少，又因麝獐属于国家Ⅰ级保护动物，严禁捕猎，野生麝香资源目前已是极度匮乏。虽有多种合成麝香，但大多数都属于工业麝香（分子量299），用于香薰香料领域，不能解决用药之急。有学者在1981年完成了合成药用麝香207（分子量207）[135]，通过多项试验证明：麝香207具有对病菌、病毒类的消杀作用，并有强大的消炎、杀菌、镇痛、消肿、清热、解毒、克癌、灭毒等药理作用[135]。

　　但这一合成药物具有自己的"小脾气"，因为它不能被直接吸收进入活细胞内，而病毒只产生于活细胞中。所以，这时候有点"屈才"了，麝香207可以说是满腹经纶的"才子"却不能"大展拳脚"！但是，仿生破壁花粉素的出现就像是"才子"遇上"佳人"，两者结合协同抗癌迸发出了意想不到的药效力。直至1987年，经多次研究，麝香207与仿生破壁花粉素配伍最终被制成抗癌新药物的胶囊，这样麝香207这位"才子"也终能"大展拳脚"！

4. 花粉营养液

　　首先，采用低温慢速研磨法将花粉制成破壁花粉乳；然后，用乙醇连续提取法，得到花粉营养液并减压浓缩；最后，采用低温复合过滤除菌法制得无菌浓缩花粉营养液。将十八醇、蜂蜡等基质与甘油一酯、山梨醇酯、十二烷基硫酸钠等乳化剂加水乳化后，再加肝素搅匀，待温度降至60℃以下后，加无菌浓缩花粉营养液再次混匀即成。该花粉营养液具有治疗冻伤，修复皮肤损伤的疗效[136]。

三、花粉药物载体

　　除上述各类花粉可作为药物进行制剂研发外，由于花粉物理构造的特殊性，花粉本身也可作为其他药物制剂的载体。花粉药物载体（一般被称为"花粉胶囊"）是通过清理种子植物花粉粒，或其他孢子植物孢子壳中的遗传物质以及蛋白质等活性物质，获得清洁的植物花粉空壳，然后，将药物的活性成分重新填充进入这一空壳，在外壳内部或外部使用涂层材料封制而成类似胶囊状的制剂，并实现药物的受控释放[137]，以此通过"花粉胶囊"来改变药物的给药途径和作用范围。

1. 胶囊壳的选择

日常生活中，口服药物是大家普遍接受和理想的用药方式。但一些药物因为其特殊的化学结构、存储条件和作用部位，通常需要选择直接口服以外的途径给药，如肌内注射、静脉给药、皮下给药等，以这些方式给药的病人往往会畏惧或排斥，不能较好地按照医嘱进行治疗（依从性低），且需要到医院进行给药[138]，灵活性较低。花粉壳是天然的微胶囊，旨在保护植物的遗传物质免受外部损害，是植物为繁衍演化出的重要的"保护仓"。前面提到花粉壁主要由两层组成，内层(内壁)主要由纤维素组成，外层（外壁）主要由孢粉素组成[139]。孢粉素具备着：①一致的生物相容性；②黏膜黏合剂；③形状和尺寸的均匀性；④具有大的内部空腔，能够进行封装；⑤耐恶劣的化学介质；⑥热稳定性；⑦可再生性；⑧约20微米的尺寸；⑨表面特性[139-140]，这些性质使植物能够保护其遗传物质免受外部因素的影响，如空气、阳光和氧化[141]。你以为这就是花粉壳的所有优点吗？不，花粉壳的功能远不止这些，花粉壳还能作为一个微型反应器，将两种或两种以上的制剂装入其空腔内，这些制剂在外壳内发生反应，生成微溶或不溶的产品[137]。因此，以花粉壳作为药物活性成分的保护壳而制成微胶囊可以有效地防止活性物质在胃液的酸性、外部的压力、体内温度下发生变性，改善直接口服的吸收效力。同时，因为其形态微小、大小均一，可以有效地控制活性物质比重和药物的作用范围。

2. 胶囊活性成分的填充

花粉粒在花粉症患者的眼中堪比恶魔魑魅，但其实它们只是一群会散发"忧郁气质"的"浪子"。每到繁花盛开的季节，这些小巧的精灵就会伴随着呼吸进入人们体内，用它的浪漫和忧郁拨动着无数免疫细胞的心弦，躁动不安的免疫细胞为它发动了一场又一场战争，致使很多人整个花期都"红了眼眶，时常泪流满面"。

那么作为会引起人体免疫反应的花粉粒，我们怎样才能去除它的"忧郁气质"，而让它"改邪归正"成为对人类有用的花粉药物载体呢？

花粉粒引起致敏的部分主要是花粉壁上或壁内的蛋白质和生物物质[142]，因此，需要先清理花粉中的生物物质和蛋白质，获得洁净的花粉壳（即花粉胶囊壳）。花粉胶囊的研制可以改变某些依从性低的药物（如疫苗、细胞因子、酶、激素等）的给药途径。口服疫苗已经在临床中发现其无痛、对儿童友好、给药方便等特点，但它仍然仅限于少数商业疫苗，多数疫苗仍然是通过肌内注射给药[143]。花粉胶囊的填充物不同，其功能也有所不同，除改变给药途径外，花粉胶囊也具有其他功能，如肽的合成[143-144]、离子交换树脂[145]、增强磁共振成像图像或微型反应器[137]。

3. 胶囊活性成分的释放

花粉胶囊内填充的活性物质不同，在体内吸收的部位也不尽相同，那么，如何控制胶囊内活性物质的精准释放呢？首先，可以借助外力辅助填充物的释放，当填充物是液体时，可以通过外部压力挤压出胶囊内的填充物[146]，就跟每天早上刷牙挤牙膏一样。例如，花粉胶囊通过人体一些狭窄的通道时，胶囊内的填充物就会被挤压出来。其次，人体内不同部位的酸碱度也是花粉胶囊释放的控制因素，封装的活性物质根据酸碱度的不同，在胃肠道的吸收也会不同。例如，封装在孢子壳中的布洛芬在缓冲液的酸碱度为7.4时完全释放，但在酸碱度低于1.5时，几乎90%的活性物质仍保留在孢子外壁中[147]。最后，还可以通过改变花粉壳外的小官能团的极性，从而改变药物的释放[139]。就像是找到一件毛衣的线头，将线头的死结变成活结，沿着线头拆解毛衣，毛衣很快就会变成线团。

> **结语：** 世间万物都具有两面性，花粉亦然。合理使用花粉制剂会给我们的生活增添光彩，给人体带来健康，但是使用不当会适得其反。所以，在食用或者外用花粉制剂类产品前，应做好寻医问药，如是土方或民间产品，应谨慎使用。另外，随着科学技术的发展和人类知识水平的提高，花粉药物载体将会以更多的形式走进人们的生活，造福人类。

★花粉制剂的注意事项

当前，花粉制剂广泛被作为滋补剂服用，小儿服用也日渐增多。但花粉无论经呼吸道或消化道摄入，均可能诱发支气管哮喘、荨麻疹、过敏性紫癜等多种致敏疾病，故建议家长对儿童不要滥用花粉制剂[148]。

小白兔生病了

科普小故事

今天，小熊兄弟像往常一样到小白兔家找小白兔玩，但是兔妈妈却告诉他们小白兔今天生病了，不能和他们一起玩了。小熊来到小白兔的房间，看到小白兔躺在床上，面容憔悴。小熊兄弟跟小白兔妈妈说，或许可以找松鼠大夫来给小白兔看病。松鼠大夫是森林诊所最靠谱的医生，一定可以治好小白兔的！小熊兄弟急忙赶到松鼠大夫家，请来了松鼠大夫。松鼠大夫观察了一下小白兔身体的整体状况，询问了小白兔和兔妈妈一些情况，发现小白兔虽然还小，身体却出现了第二性征，于是初步判断小白兔是性早熟。问了兔妈妈才知道，原来小白兔已经出现了初潮、乳房底部有硬块和乳房胀大的问题。仔细了解后才知道，原来是因为兔妈妈把花粉制剂当作补品给小白兔长期食用，才让小白兔出现了性早熟的症状。

小白老师小课堂：由于花粉中含有植物性激素和其他固醇类物质，经动物实验及临床应用均显示出雌性激素样作用。近年来发现，某些5~8岁小女孩，在口服花粉制剂后出现乳房底部有硬块和乳房胀大，小于10岁的女孩出现初次月经等性早熟现象。因此，花粉制剂仅适宜于成年人，特别是患有心血管系统疾病和前列腺增生的中老年人群，不宜把花粉及其制剂当作儿童、青少年的滋补品滥用[148]。

第四节　生物资源安全
——药食蜜源性中毒与有害物超标

　　引言： 花粉是一种天然的富含营养物质并受人们青睐的药食佳品，是一种具有完全营养的保健食品[149]。花粉不仅可以食用还可以药用，如松、枸杞、党参、贝母等植物的花粉就是药食同源。那么，药食同源的花粉是怎样走进我们生活的呢？其实它的食用已经伴随人类文明走过了数千年的历史，这得益于我们熟悉的蜂蜜。勤劳的小蜜蜂们会四处收集植物的花粉或者蜜腺中的花蜜/蜜露，将这些花粉花蜜储存在它们的花粉筐或者蜜囊中，然后再加工转化，与其他一些物质混合后，储存于蜂巢中逐渐酿成熟蜜[150]。香甜的蜂蜜不仅可以食用，还可以药用，因此，蜂蜜通常被人们称为"甜蜜的药"。蜂蜜并不是近现代才被人们利用的，早在3000多年前就为古人食用，我国古代官府设有衙门专门负责采蜜，而采集回来的蜂蜜则作为贡品[151]。公元前780年，西周宫宴上就已经出现了蜂蜜酒。屈原在《楚辞招魂》中也写道："瑶浆蜜勺，实羽觞些"。[152]诗中的"蜜勺"即蜜酒的意思。由此可见，从古至今，蜂蜜都深受人们喜爱。同时，蜂蜜在杏林圣手眼中也是一味上等良药：明清时期，李时珍的《本草纲目》和陈敬则的《明兴记》均记载了蜂蜜的药效，即"蜂蜜，其入药之功有五：清热也，补中也，解毒也，润燥也，止痛也。生则性凉，故能清热；熟则性温，故能补中；甘而和平，故能解毒；柔而孺泽，故能润燥；缓可以去急，故能止心腹肌肉疮疡之痛；和可以致中，故能调和百药而与计草同功"[153]。由此可见，蜂蜜功效甚广，但人们对蜂蜜的利用不仅仅局限于药用方面，在营养平衡方面也有着举足轻重的地位。

已有研究报道，蜂蜜中含有丰富的果糖和葡萄糖[150]，同时还含有其他营养物质，多种酶、氨基酸和矿物质等，可以作为各个年龄段的人群补充食用，是老少皆宜的天然膳食补充剂[154]。蜂蜜药用可以治疗消化道溃疡、呼吸道感染等常见疾病，还可以促进烧伤面及各种伤口愈合，对癌症也有一定防治作用[154-159]。幼儿园时，老师就常教我们唱这样一首儿歌："小蜜蜂，嗡嗡嗡，飞到西来飞到东，筑巢采蜜有分工，一巢一个女王蜂……"蜂蜜由勤劳的小蜜蜂们酿成，它们早出晚归，每天都兴致勃勃地出门寻找最美的花，酿出最香甜的蜂蜜，它们用辛勤酿出的蜜深受人们喜爱。蜂蜜虽然集万千功效于一身，但事物总是有两面性，食用蜂蜜也会存在危险。迄今为止，因食用蜂蜜中毒的事件已屡见不鲜，严重的会致人死亡。蜂蜜中毒一般是由于蜜蜂采集的蜜源植物花粉中含有有毒有害的物质导致的急性中毒。那么，什么是蜜源植物呢，哪些蜜源植物是有毒的呢？

一、蜜源植物

蜜源植物是指那些含有芳香性气味或能制造出花蜜来吸引蜜蜂的显花植物，一般呈现出数量多、种类多、花期长、花蜜分泌量多等主要特点。蜜源植物种植的范围十分广泛，可以是我们身边常见的花花草草，也可以是我们所食用的农作物，还可以是我们健康所系的药用植物。例如，荞麦等粮食作物，油菜、向日葵、芝麻等油料作物，苜蓿、草木樨、紫云英、野坝子等畜牧作物，荔枝、龙眼、枇杷等果树，刺槐、椴树、桉树、盐麸木等绿化灌木，依兰香、八角、栀子、薰衣草等香料植物，当归、党参、益母草等药用植物，都是蜜蜂宝宝们最喜欢的主要花蜜来源。

蜜源植物根据毒性有无可划分为有毒蜜源植物和无毒蜜源植物，有毒蜜源植物的花期大部分是在夏季，无毒蜜源植物的花期一般在春秋两个季节[160]。在夏季，大自然中没有足够的鲜花绽放，花蜜来源稀缺，小蜜蜂们为了采集更多香甜可口的花蜜，就会降低要求将采蜜对象替换为呈规模生长而无特殊异味的有毒蜜源植物，采集这些有毒蜜源后酿成有毒蜂蜜，特别是在干旱或是高温天气，这种情况尤为显著[161]。

1. 药食蜜源植物

在我国丰富的植物资源宝库中，许多植物既是重要的中草药，又是优良的蜜源植物，这些植物所产的蜂蜜和花粉除具有较高营养价值外，往往还具有药用活性，如宁夏枸杞、党参、贝母等[162]。这种中草药蜜源植物数量众多，下面让我们一起来看看这类植物都有哪些吧！

（1）枸杞

枸杞（拉丁名：*Lycium chinense* Mill.，别称：狗奶子、狗牙根、红珠仔刺），茄科枸杞属植物，主要分布于我国东北和西北地区，常生长于山坡、荒地、丘陵地、盐碱地，多见于路旁及村宅边。多分枝灌木。枝细弱，具纵纹，小枝顶端呈棘刺状；叶椭圆形或卵状披针形，先端尖，基部楔形；花腋生，花冠漏斗状；果实为浆果，卵圆形，红色；种子扁肾形，黄色。

花期：5—9月。

花粉形态：单粒；等极；椭球形或近球形；萌发孔3个；直径约26～50微米；外壁为条纹状纹饰[163]。

枸杞的花期在夏秋季节，富含蜜粉，可以酿造出高质量的蜂蜜[162]。由枸杞酿成的蜂蜜不仅具有丰富的营养价值，还具有颇高的药用价值。提到保温杯，可能大多数人首先想到的是枸杞，干燥的枸杞子表面布满一条条纵皱纹，就像葡萄干一样，味道酸甜，具有滋补肝肾、明目润肺的功效。枸杞是一种药食同源的珍贵植物，枸杞全身皆是宝，枸杞的根、茎、叶、花粉、蒂均具有极高的营养价值和药用价值[164]。枸杞的花粉不仅可被酿成花蜜，还可以直接食用和药用，含有人体所需营养物质的维生素、微量元素、激素、黄酮类、酶等，还含有蛋白质、氨基酸、碳水化合物、脂肪矿物质、木质素等[164]。枸杞花粉不仅可以为人体补充营养物质，提高机体免疫力，在治疗前列腺相关疾病方面也有一定的作用[164-165]。

（2）贝母

贝母（拉丁名：*Fritillaria* Tourn. ex L.），百合科贝母属的多种植物，比较常见的有川贝母、浙贝母、平贝母、太白贝母，分布于北半球温带地区，特别是地中海地区、北美洲和亚洲中部。多年生草本。鳞茎，通常由2~3枚白粉质鳞片组成；茎直立，不分枝；基生叶有长柄；花单生，呈钟形，总状花序或伞形花序；种子多数，扁平，边缘有狭翅。

花期： 5—7月。

花粉形态： 单粒；异极；椭球形或卵球形；萌发孔1个；直径约51~100微米；外壁为脑纹状或网状纹饰[166]。

贝母植物因止咳化痰而闻名中内外，是一种多效的传统中药。其药用部位为鳞茎，但贝母花和花粉无论是在营养价值还是药用价值方面都没有得到充分利用[167-168]。近年来有研究发现，贝母花粉中含有丰富的维生素和生物碱，这些物质均为人体所必需，所以，贝母花粉也可能作为一种新的营养和药用资源进行开发[167-168]。

（3）辛夷

辛夷（拉丁名：*Magnolia* Plum. ex L.），木兰科木兰属的多种植物，是望春木兰、紫玉兰的干燥花蕾[169]。望春玉兰为落叶乔木，紫玉兰为落叶灌木。叶片椭圆状披针形或椭圆状倒卵形；望春玉兰花先叶开放，紫玉兰花叶同时开放；果实为聚合果，圆柱形；种子为心形，外种皮鲜红色，内种皮深黑色。

花期： 3—4月。

花粉形态： 单粒；异极；长球形或扁球形；萌发孔1个；直径约51～100微米；外壁为网瘤状或脑纹状纹饰[170]。

辛夷植物气韵淡雅，树形婀娜，枝繁花茂，花朵芳香怡人，适合庭院街道栽种，人工栽培已有2000多年历史，是一种传统花卉和中药。辛夷具有散风寒、通窍等功效，可用于治疗风寒头痛、鼻塞流涕、鼻炎等症状[169]。有研究表明，辛夷具有一定的抗氧化、镇痛作用，对酒精性肝损伤也具有保护作用[171]。

（4）益母草

益母草（拉丁名：*Leonurus japonicus* Houtt.，别称：益母夏枯、森蒂、野麻），唇形科益母草属植物，产全国各地，多种生境适生，尤以阳处为多，海拔可高达3400米。一年生或二年生草本。茎直立，为四棱状；花为轮伞花序或穗状花序，腋生；果实为坚果，长圆状三棱形，淡褐色，光滑。

花期： 6—9月。

花粉形态： 单粒；等极；长球形、近长球形或近球形；萌发孔3个；直径约15～34微米；外壁为网状或穿孔状纹饰[172]。

夏季在益母草生长茂盛但花并未全开时采摘的药效为最佳，其花常在秋季盛开，花蜜分泌量多，花蜜质量优良，蜜蜂喜爱采集。《神农本草经》将益母草列为上品，认为其味辛、微苦、性微凉、归心，可活血调经、利尿消肿、清热解毒，还有抑制血小板凝集、血栓形成以及红细胞聚集的作用[173]。临床上常用于治疗血滞经闭、痛经、经行不畅、水肿、小便不利等病症[174]。

（5）甘草

甘草（拉丁名：*Glycyrrhiza* Tourn. ex L.，别称：甜根子、甜草），豆科甘草属多种植物，主要分布于东北、华北、西北各省区及山东，常生于干旱沙地、河岸砂质地、山坡草地及盐渍化土壤中。多年生草本。根与根茎粗壮，外皮褐色，里面淡黄色，具有甜味；托叶三角状披针形；总状花序腋生；果实为荚果，镰刀状或环状；种子圆形或肾形，暗绿色。

花期： 6—8月。

花粉形态： 单粒；等极；长球形或近球形；萌发孔3个；直径约26～30微米；外壁为网状纹饰[175]。

甘草植物是一类适合补益类的中草药，功效众多，可用于心悸怔忡，以及有补脾益气，倦怠乏力；热毒疮疡、咽喉肿痛；祛痰止咳，气喘咳嗽；清热解毒，缓急止痛；调和诸药等功效[176-177]。实验表明，甘草具有抗氧化、抗炎调免疫、抗溃疡、解毒抗癌、抗肝纤维化等多种作用[178]。

图4-2 刺果甘草（陆露 摄）

（6）红花

红花（拉丁名：*Carthamus tinctorius* L.），菊科红花属植物，原产中亚地区，分布广泛，红花有抗寒、耐旱和耐盐碱能力，适应性较强。一年生草本，茎直立，无毛；叶披针形，革质；花为头状花序；果实为瘦果，倒卵形，乳白色，有4棱。

花期：5—8月。

花粉形态：单粒；等极；球形；萌发孔3个；直径约41～50微米；外壁为短刺状或疣状纹饰[179]。

红花具有散瘀止痛、活血通经的功效[180]。在临床实践中，红花用于血瘀证，包括痛经、闭经关节疼痛，以及心脑血管疾病的治疗[181]。还有现代药理研究表明：红花具有扩张冠状动脉，改善心肌缺血、抗凝、抗炎和抗血栓等活性[182]。花开于夏季，有蜜粉，蜜蜂喜食。

除上述几种植物外，还有其他一些药用植物的花粉也颇受蜜蜂喜爱，如大黄、薄荷、百合等。由这些花蜜制成的蜂蜜，不仅味道甜美，还有一定的药用价值。

2. 有毒蜜源植物

在大自然中，花是绚丽多彩的。姹紫嫣红的花儿们可是给小蜜蜂们带来了不少的选择！但是，对于小蜜蜂们来说，最鲜艳的可不一定是最好的，有的蜜源植物中含有有毒成分，它的花粉或花蜜被蜜蜂采集后制成的毒蜂蜜不仅对人体有害，也有可能给蜂群带来灭顶之灾，往往"一蜜有毒全巢遭殃"。所谓有毒蜜源植物，就是指蜜蜂能够采集，但花粉或花蜜对蜜蜂或人有毒的一类蜜粉源植物[183]。

蜂蜜中毒的机理：当蜜源植物花期过后或者气候干旱导致植物花蜜分泌下

降时，蜜蜂会选择采集有毒蜜源植物的花蜜或蜜露酿制成含有植物源毒素的蜂蜜[184-185]。值得注意的是，来自于有毒蜜源植物花蜜所制成的蜂蜜对蜜蜂和人的毒害作用存在一定差异，有的仅对蜜蜂或人产生毒性，有的对蜜蜂和人都有毒性[186]。但同时，很多有毒蜜源植物又具有药用价值，在这里也一并呈现给大家。

让我们来看看常见有毒蜜源植物有哪些吧！

（1）毛茛科

①乌头

乌头（拉丁名：*Aconitum* L.，别称：五毒、铁花、鹅儿花、草乌），毛茛科乌头属多种植物，分布于整个北温带地区，全国皆有分布，生长于山地、草坡或灌丛中。多年生或一年生草本。根为块根，倒圆锥形；茎下部叶在开花时枯萎，叶薄革质或纸质，五角形；花为总状花序顶生，萼片一般蓝紫色，被短柔毛，船形、盔形或圆筒形；果实为蓇葖果；种子三棱形。

花期： 9—10月。

花粉形态： 单粒；等极；球形、宽椭球形或近椭球形；萌发孔3个；直径约26～50微米；外壁为小刺、颗粒状纹饰或近光滑[187]。

乌头植物的花非常美丽，但花粉有毒，酿成的蜂蜜具有毒性，蜜蜂和人食用后往往会引起中毒。乌头所含毒性成分主要是乌头碱、新乌头碱、次乌头碱等二萜类生物碱，具有心脏和神经毒性[186,188-189]。乌头中毒一般表现为唇、舌、颜面、四肢麻木，流涎呕吐，烦躁，心慌，心率减慢或过速，肤冷，血压下降，瞳孔缩放，肌肉强直，呼吸痉挛，严重时窒息而致死[190]。

②毛茛

毛茛（拉丁名：*Ranunculus* L.），毛茛科毛茛属多种植物，除西藏外，我国各省（区）皆有分布，生长于田沟旁和林缘路边的湿草地上。多年生草本。须根簇生；茎直立，中空；叶圆心形或五角形，3浅裂；花为聚伞花序，萼片椭圆形，花瓣倒卵圆形；果实为聚合瘦果。

花期： 4—9月。

花粉形态： 单粒；等极；球形；无萌发孔、萌发孔3个或为散沟孔（6沟和12沟两种）；直径约20～36微米；外壁光滑或为穿孔状纹饰[191]。

毛茛植物整株具毒，对人、牲畜和蜜蜂均能致毒[186]。毛茛的代表性成分是内酯类成分，主要毒性成分则是原白头翁素，容易引发强烈的中毒症状及胃肠炎[186, 192]。

③白头翁

白头翁（拉丁名：*Pulsatilla* Mill.，别称：将军草、老冠花、羊胡子花、记性草），毛茛科白头翁属多种植物，分布于我国多个省份，生长于平原和低山的山坡草丛中、林边或干旱石坡。多年生草本。叶宽卵形，3深裂或全裂；花直立，萼片蓝紫色；果实为聚合果或瘦果，有长柔毛。

花期： 4—5月。

花粉形态： 单粒；等极；长球形或近球形；萌发孔3个；直径约26～50微米；外壁为穿孔状纹饰[193]。

白头翁植物整株具毒，根部毒性较大，对蜜蜂和人均有毒害作用[191]。原白头翁素为白头翁所含的毒性成分[186]。

④驴蹄草

驴蹄草（拉丁名：*Caltha* L.），毛茛科驴蹄草属多种植物，分布于全球温带或寒温带地区。多年生草本。具有须根；叶基生或茎生，不分裂，叶柄基部具鞘；花单生，或单歧聚伞花序，萼片5，花瓣状，黄色、稀白色或红色，或无花瓣；果实为蓇葖果，多开裂；种子狭卵球形，种皮光滑或具少数纵皱纹。

花期： 5—9月。

花粉形态： 单粒；等极；球形；萌发孔3个；直径约26～50微米；外壁为小穿孔-网状纹饰[194]。

驴蹄草植物整株具毒，对人畜有毒性，但对蜜蜂无毒。所以，蜜蜂采集驴蹄草的花粉酿成的蜂蜜对蜜蜂本身无害，但人类食用后会中毒，其毒性成分为原白头翁素和生物碱类成分[186,195]。

⑤飞燕草

飞燕草（拉丁名：*Delphinium* Tourn. ex L.），毛茛科飞燕草属多种植物，原产欧洲南部和亚洲西南部。多年生草本。茎与花序均被短绒毛，茎中部以上分枝；叶互生，掌状细裂；花两性，两侧对称，花序顶生；果实为蓇葖果，有网脉；种子多为四面体形，有鳞状横翅。

花期： 5—7月。

花粉形态： 单粒；等极；扁球形或球形；萌发孔3个；直径约26～30微米；外壁为穿孔状纹饰[194]。

飞燕草整株具毒，其中，毒性最大的部位是种子，不仅对人有毒，对蜜蜂、牲畜也有毒[186]。二萜类生物碱为其主要的毒性成分，结构类型有牛扁碱型、光翠雀碱型、阿替生碱型等三种类型[186]。这些有毒成分会导致蜜蜂在采集花粉、花蜜时中毒，酿出来的蜂蜜也因此具毒。

⑥石龙芮

石龙芮（拉丁名：*Ranunculus sceleratus* L.），毛茛科毛茛属植物，分布于亚洲、欧洲、北美洲的亚热带至温带地区，生长于河沟边及平原湿地。一年生草本。须根簇生；茎直立，上部多分枝；叶片肾状圆形；花为聚伞花序，萼片椭圆形，花瓣5，倒卵形；果实为瘦果，倒卵球形，稍扁。

花期： 5—8月。

花粉形态： 单粒；等极；扁球形或球形；萌发孔3个；直径约26～50微米；外壁为穿孔状纹饰[194]。

石龙芮整株具毒，花的毒性较大，对蜜蜂和人都具毒性，原白头翁素是石龙芮的主要毒性成分[186]。

⑦铁棒锤

铁棒锤（拉丁名：*Aconitum pendulum* N. Busch，别称：雪上一支篙、八百棒、铁牛七），毛茛科乌头属植物，主要分在中国西北和西南地区，生长于海拔2800～4500米的山地草坡或林边。多年生草本。块根倒圆锥形；茎中部以上密生叶枝，茎下部在开花时枯萎；叶片宽卵形，两面无毛；花为顶生总状花序，萼片黄色，花瓣无毛或有疏毛，向后弯曲；果实为蓇葖果；种子倒卵状三棱形，光滑，沿棱具不明显的狭翅。

花期： 7—9月。

花粉形态： 单粒；等极；长球形；萌发孔3个；直径约23～34微米；外壁为穿孔状纹饰[196]。

铁棒锤块根可入药，铁棒锤中所含的乌头碱、次乌头碱等二萜类生物碱，对人体是有毒性的[183]。铁棒锤花粉数量少，在其花期可以作为辅助粉源，但用其花粉酿出来的蜂蜜对人体有一定的损害[159]。

⑧铁线莲

铁线莲（拉丁名：*Clematis* L.），毛茛科铁线莲属多种植物，广布热带、亚热带、寒带地区，在中国主要分布在西南地区。多年生木质或草质藤本。叶对生，或与花簇生，三出、二回羽状或二回三出复叶，少数为单叶；花两性，单生或与叶簇生，聚伞花序；果实为瘦果，宿存花柱伸长呈羽毛状，或不伸长而呈喙状。

花期： 一年四季。

花粉形态： 单粒；等极；扁球形或球形；萌发孔3个或散孔；直径约16～35微米，外壁为网状纹饰[193]。

铁线莲植物含有的毒性成分为原白头翁素[186]。铁线莲具有显著抗菌、镇痛、抗肿瘤（抑制癌细胞分裂）和对神经系统先兴奋后麻痹的作用，原白头翁素是主要的抗癌成分[197]。

图4-3 绣球藤（陆露 摄）

（2）罂粟科

①罂粟

罂粟（拉丁名：*Papaver somniferum* L.，别称：鸦片烟花、大烟花、阿芙蓉），罂粟科罂粟属植物，原产南欧。一年生草本。主根近圆锥状，垂直；茎直立，不分枝，无毛，具白粉；叶互生，叶片卵形或长卵形；花单生，花蕾卵圆状长圆形或宽卵形，无毛，萼片2，宽卵形，绿色，边缘膜质，花瓣4，近圆形或近扇形；果实为蒴果，球形或长圆状椭圆形，无毛，成熟时褐色；种子黑色或深灰色，表面呈蜂窝状。

花期：3—11月。

花粉形态：单粒；等极；扁球形或球形；萌发孔3个；直径约21～30微米；外壁为网状纹饰[198]。

罂粟对人体有害，长期使用会产生毒瘾，少量可用于临床治疗。罂粟含有吗啡、可待因、罂粟碱及罂粟壳碱等生物碱。吗啡可抑制呼吸中枢。婴幼儿对吗啡敏感，易中毒，剂量过大时可因呼吸中枢受抑制而引起呼吸衰竭，甚至死亡[199]。

②博落回

博落回［拉丁名：*Macleaya cordata*（Willd.）R. Br.］，罂粟科博落回属植物，我国长江以南、南岭以北的大部分省区均有分布，生长于海拔150～830米的丘陵或低山林中、灌丛或草丛中。直立草本。茎基部木质化，具乳黄色浆汁，绿色，光滑，多白粉，中空，上部多分枝；叶片宽卵形或近圆形；花为大型圆锥花序，顶生和腋生；果实为蒴果，狭倒卵形或倒披针形，无毛；种子卵珠形，种皮具蜂窝状孔穴。

花期：6—11月。

花粉形态：单粒；等极；扁球形或球形；萌发孔大于6个；直径约20～25微米；外壁网状纹饰[189]。

该植物是一种有毒药用植物，全草均含有血根碱、白屈菜红碱、原阿片碱和别隐品碱等异喹啉类生物碱，对蜜蜂和人均有剧毒[189,200,201]。研究发现，长期或者大量使用博落回及其提取物可导致肝毒性、肾毒性等。博落回生物碱具有一定毒性，水煎液可导致大鼠的脑、心、肾、肝等脏器受到损伤，作用机制主要是对线粒体、内质网和核膜等膜质结构产生破坏[202-204]。

③白屈菜

白屈菜（拉丁名：*Chelidonium majus* L.，别称：山黄连、牛金花、黄汤子），罂粟科白屈菜属植物，我国大部分省（区）均有分布，生于海拔500～2200米的山坡、山谷林缘草地或路旁、石缝。多年生草本。主根圆锥形，侧根多，暗褐色；茎聚伞状多分枝，被短柔毛；叶片倒卵状长圆形或宽倒卵形；花为伞形花序，花瓣倒卵形，黄色；果实为蒴果，狭圆柱形；种子卵形，暗褐色，具光泽及蜂窝状小格。

花期：4—9月。

花粉形态：单粒；等极；扁球形、长球形、近球形；萌发孔3个；直径约26～50微米；外壁为小穿孔-（刺）网状纹饰[194]。

白屈菜分布数量较多，蜜粉丰富，对蜂群繁殖较为有利，但对人体有伤害[183]。

④血水草

血水草（拉丁名：*Eomecon chionantha* Hance，别称：水黄连、捆仙绳、鸡爪连、金腰），罂粟科血水草属植物，主要分布在中国安徽、浙江、江西、福建等地，喜生长于海拔1400～1800米的林下、灌丛下或溪边、路旁。多年生无毛草本。根茎匍匐，具红黄色液汁，根橙黄色；叶基生，叶片心形或心状肾形；花葶灰绿色略带紫红色，聚伞状伞房花序，花瓣倒卵形，白色；果实为蒴果，狭椭圆形。

花期：3—6月。

花粉形态：单粒；等极；扁球形或球形；萌发孔大于6个；直径约26～50微米；外壁为小穿孔-网状纹饰[205]。

实验表明，血水草中可分离得到血根碱、白屈菜红碱、白屈菜红墨碱、原阿片碱、别隐品碱、氧化血根碱、博落回碱等生物碱[206-207]。

⑤金罂粟

金罂粟［拉丁名：*Stylophorum Lasiocarpum*（Olive.）Fedde，别称：人血草、豆叶七、人血七、大金盆］，罂粟科金罂粟属植物，分布于湖北西部、陕西南部和四川东部，生长于海拔600～1800米的林下或沟边。草本。茎直立，不分枝，无毛，具血红色液汁；叶倒长卵形，羽状深裂，表面绿色，背面具白粉，两面无毛；花伞形花序；果实为蒴果，狭圆柱形，被短柔毛；种子卵圆形，具网纹，有鸡冠状的种阜。

花期：4—8月。

花粉形态：单粒；等极；扁球形；萌发孔3个；直径约28～41微米；外壁为颗粒状或细网状纹饰[208]。

研究表明，金罂粟的主要化学成分为四氢黄连碱、血根碱、白屈菜红碱、黄连碱、别隐品碱、原阿片碱等生物碱类化合物[209]。

（3）卫矛科

①雷公藤

雷公藤（拉丁名：*Tripterygium wilfordii* Hook. f.，别称：昆明山海棠），卫矛科雷公藤属植物，生长于山地林内阴湿处。藤本灌木。小枝棕红色，具细棱，被密毛及细密皮孔；叶椭圆形、倒卵椭圆形、长方椭圆形或卵形；花为圆锥聚伞花序，白色；果实为翅果，长圆状，中央果体较大；种子细柱状。

花期：6—7月。

花粉形态：单粒；等极；扁球形、近球形或宽椭球形；萌发孔3个；直径约19～25微米；外壁为细网状纹饰[189]。

雷公藤是引发中毒事件最多的中草药之一，其毒副作用发生率为58.1%。根、茎、叶、花粉均具毒，特别对人类有害，但对蜜蜂拒食作用有限[189]。雷公藤的毒副作用主要为生殖、内分泌系统和消化系统损害，其次为血液系统和皮肤黏膜损害，最突出的是对生殖系统的毒性作用，长期使用雷公藤制剂会导致男性不育和女性闭经[210-211]。

②苦皮藤

苦皮藤（拉丁名：*Celastrus angulatus* Maxim.，别称：棱枝南蛇藤、马芍蔓、马断肠），卫矛科南蛇藤属植物，我国各地区均有种植，生于山地丛林及山坡灌丛中。藤状灌木。小枝常具4～6纵棱，皮孔密生；叶长方宽椭圆形、宽卵形或圆形，两面无毛或稀背面主侧脉被柔毛；聚伞圆锥花序顶生，花梗短，关节在顶部，花萼裂片三角形或卵形，花瓣长方形，花盘肉质，雄花生于花盘之下，具退化雌蕊，雌花子房球形，柱头反曲，具退化雌蕊。

花期：5—6月。

花粉形态：单粒；等极；扁球形或近球形；萌发孔3个；直径约22～28微米；外壁为网状纹饰[189]。

该植物对蜜蜂和人均有毒性[186,200]。根皮和叶子一直被民间作为杀虫药使用，根皮的杀虫作用最好；也可以入药用来治疗疮肿疼，具有清热解毒功能[212]。

（4）山茶科

油茶

油茶（拉丁名：*Camellia oleifera* Abel.，别称：茶子树、白花茶），山茶科山茶属植物，喜温向阳而生，在我国长江流域以及南方各地广泛栽培。灌木或中乔木。幼枝被粗毛；叶革质，椭圆形或倒卵形；花顶生，苞片及萼片10，革质，宽卵形，花瓣白色，倒卵形，先端凹入或2裂，花柱顶端3裂；蒴果球形或卵圆形，3室或1室，每室有种子1粒或2粒。

花期：10月至次年2月。

花粉形态：单粒；等极；扁球形或近球形；萌发孔3个（或三拟孔沟形）；直

径约45～62微米；外壁为细网或拟网状纹饰[213]。

油茶具有健胃消食、下气、祛寒湿、避障、止泻痢以及解毒功效[214]。该植物的花和花粉对蜜蜂和人均具有毒性，主要毒性成分为油茶皂素，但毒性较小[186,215]。油茶种子榨取所得油脂（茶油）富含维生素E、角鲨烯、甾醇和茶多酚等多种功能性成分，食用茶油可以有效降低血脂、血压，延缓动脉粥样硬化[216]。临床治疗可以尝试采用油茶活性化合物与抗菌药物联合使用，通过活性化合物对细菌细胞壁膜的影响，促进药物的吸收，在提高疗效的同时，亦能减少耐药菌的产生[217]。

（5）瑞香科

狼毒

狼毒（拉丁名：*Stellera chamaejasme* L.，别称：馒头花、拔萝卜、断肠草），瑞香科狼毒属植物，分布于我国北方各省（区）及西南地区，生于海拔2600~4200米的干燥向阳草坡或河滩台地。多年生草本。根茎粗大，枝棕色，内面淡黄色；茎丛生，不分枝，草质，无毛；叶散生，稀对生或近轮生，披针形或椭圆状披针形；头状花序顶生，具绿色叶状苞片。

花期： 4—6月。

花粉形态： 单粒；等极；球形；萌发孔8～14个（散孔）；直径约20～30微米；外壁为细网或拟网状纹饰[218]。

瑞香狼毒整株和花粉有很大毒性，主要毒性成分为瑞香烷型二萜类化合物，其蜜粉对人和蜜蜂都有毒害作用[186,218]。始载于《神农本草经》，为中药狼毒之正品，主要药用部位为根。瑞香狼毒性味辛、苦、平，归肺、脾、肝经，功能泻水逐饮、破积杀虫，主治水肿腹胀、痰食虫积、心腹疼痛、疥癣、癥瘕积聚[219]。

（6）大戟科

①甘肃大戟

甘肃大戟（拉丁名：*Euphorbia kansuensis* Prokh.，别称：阴山大戟），大戟科大戟属植物，主要产于长江以北地区，生于山坡、草地或林下[186]。多年生草本。全株无毛。根肥厚，肉质，圆柱状，直径3～7厘米；叶互生，线状披针形；总花序多歧聚伞状，顶生；总杯裂片先端有不规则浅裂；腺体半月形；蒴果三角状扁球形，无毛；种子圆卵形，棕褐色。

花期： 4—6月。

花粉形态： 单粒；等极；球形；萌发孔3个；直径约31～35微米；外壁为粗糙网状纹饰[194]。

甘肃大戟（异名为阴山大戟）整株有毒，其花蜜和花粉也有毒，毒性成分主要为松香烷型二萜类化合物[186]。根部为主要药用部位，有逐水散结、破积杀虫的功效，也可用于水肿腹胀、痰食虫积、淋巴结结核、皮癣、灭蛆等[220]。有研究表明，高剂量的甘肃大戟在动物实验中对小鼠的肾脏、脾脏和心脏均有毒性作用[221]。

②狼毒大戟

狼毒大戟（拉丁名：*Euphorbia fischeriana* Steud.，别称：狼毒疙瘩、狼毒、猫眼睛、山红萝卜），大戟科大戟属植物，产于华北和东北，生于林缘、石质山坡阳坡。多年生草本。茎高达15～45厘米；叶互生，茎下部叶鳞片状，卵状长圆形，茎生叶长圆形；花序单生二歧分枝顶端，无梗，总苞钟状，边缘4裂，裂片具白色柔毛，腺体4，半圆形，淡褐色，雄花多枚，伸出总苞，雌花花柱中下部合生，柱头不裂。

花期： 5—7月。

花粉形态： 单粒；等极；球形；萌发孔3个（或三孔沟）；直径约26～50微

米，外壁为穿孔或微网状纹饰[194]。

狼毒大戟整株具毒，其花蜜和花粉也具毒，毒性成分主要为松香烷型二萜类化合物[186]。狼毒大戟也可药用，味辛、性平，归肝、脾经，以根入药，具有逐水祛痰和破积杀虫的功效，主治水肿腹胀、心腹疼痛、慢性气管炎、结核、疥癣等疾病[222]。

图 4-4　大狼毒（陆露　摄）

（7）蓝果树科

喜树

喜树（拉丁名：*Camptotheca acuminata* Decne.，别称：旱莲水、水栗、水桐树、天梓树、千丈树），蓝果树科喜树属植物，分布于长江流域及南方各省区，生于海拔1000米以下的林边或溪边。落叶乔木。植株高可达20余米，树皮灰色，浅纵裂；小枝圆柱形，幼枝被灰色微柔毛；叶互生，矩圆状卵形或矩圆状椭圆

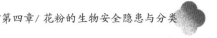

形，基部近圆形或宽楔形；花杂性同株，头状花序顶生或腋生，复花序，上部雌花序，下部雄花序，花瓣5，卵状长圆形，花柱顶端2～3裂；翅果矩圆形，顶端具宿存的花盘，着生成近球形的头状果序。

花期： 5—7月。

花粉形态： 单粒；等极；扁球形；萌发孔3个（或三孔沟）；直径约29～55微米，外壁为穿孔或脑纹状纹饰[223]。

喜树整株具毒，花及花粉都有毒，对蜜蜂、牲畜和人均有毒害作用，该植物中的毒性成分为喜树碱等生物碱类化合物[186,224-225]。

（8）八角枫科

八角枫

八角枫［拉丁名：*Alangium chinense* (Lour.) Harms，别称：花瓜木、白龙须、木八角、橙木］，山茱萸科八角枫属植物，分布于长江及珠江流域各省（区），生于海拔1800米以下的山地、灌丛或疏林中。落叶乔木或灌木。植株高达3～15米；小枝微呈"之"字形，无毛或被疏柔毛；叶近圆形，不定芽长出的叶常5裂，基部心形；聚伞花序腋生，具7～50花，花序梗及花序分枝均无毛，花萼齿状，花瓣线形，白色或黄色，花盘近球形。

花期： 5—7月和9—10月。

花粉形态： 单粒；等极；扁球形；萌发孔3～4个；直径约26～50微米，外壁为细网状纹饰[218]。

八角枫为有毒药材，所含毒性成分为毒藜碱（又称为八角枫碱）等生物碱类，对蜜蜂和人均有毒害作用[186]。八角枫的根有祛风除湿、通络和散瘀止痛、麻醉及弛缓肌肉的作用，主治风湿疼痛、劳伤腰痛和跌打损伤[226]。八角枫在临床上主要用于治疗类风湿关节炎、跌打损伤和创伤出血等[227]。

（9）杜鹃花科

①羊踯躅

羊踯躅［拉丁名：*Rhododendron molle* (Blum) G.Don，别称：闹羊花、黄杜鹃、羊不食草、六轴子］，杜鹃花科杜鹃花属植物，分布于长江流域及长江以南各省区，常生长在海拔约1000米的山坡或丘陵地带，灌丛或山脊杂木林下。落叶灌木。幼枝被柔毛和疏刚毛；叶纸质，长圆形或长圆状披针形；叶、花梗、花萼均被柔毛和疏生刚毛；花冠漏斗状，金黄色，内面有深红色斑点，外面被柔毛；蒴果圆锥状长圆形，具5条纵肋，被微柔毛和疏刚毛。

图4-5　羊踯躅（吴俊男　摄）

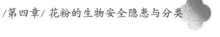
花期： 3—5月。

花粉形态： 四合体（四个花粉单粒聚合而成，上面一个，下面三个，构成四面体形）；萌发孔3个；直径约70～75微米，外壁为网状纹饰，花粉上有时有黏丝[218]。

羊踯躅可治疗风湿性关节炎、跌打损伤。其花、果实和根等部位含有马醉木毒素、闹羊花毒素和雄激素毒素等成分，误食会令人呕吐、腹泻或痉挛[228]。医药上羊踯躅被用于麻醉剂和镇痛药，全株可做农药[228]。

②马醉木

马醉木［拉丁名：*Pieris japonica* (Thunb.) D.Don ex G.Don］，杜鹃花科马醉木属植物，分布于中国安徽、浙江、湖北、江西、福建、台湾等省，大多生长在海拔800～1200米的灌丛中。常绿灌木或小乔木。高可达4米，小枝无毛；叶互生，聚生枝顶，革质，椭圆状披针形；花序圆锥状或总状，腋生或顶生，花序轴被微柔毛，小苞片钻形或窄三角形，萼片三角状卵形，无毛，花冠坛状，裂片近圆形，子房无毛；蒴果干燥，扁球形。

花期： 4—5月。

花粉形态： 四合体；萌发孔3个；直径约26～50微米；外壁光滑或为刺状小窝纹饰[194]。

马醉木整株及花粉和花蜜都有毒，含有马醉木毒素，对人和蜜蜂都有毒害作用[186,229-230]。该植物具有消炎止痛、杀虫止痒的功效。外用于恶性溃疡、乳腺炎、皮肤痰痒、跌打损伤、荨麻疹、疮疖[231]。家畜误食茎和叶会引起晕倒昏迷。鲜叶汁用作洗剂可治毒疮和癣疥，亦可杀虫。

图 4-6　毛叶珍珠花（陆露　摄）

③珍珠花

珍珠花（拉丁名：*Lyonia* Nutt，别称：南烛、米饭花），杜鹃花科珍珠花属多种植物，分布在中国西北、长江流域或长江以南各省（区），生长在海拔700~2800米的林中。常绿灌木或小乔木。小枝无毛；芽长卵圆形，淡红色；叶卵形或椭圆形；花序下部有2~3片叶状苞片，花5裂，花萼裂片长椭圆形，花冠白色，筒状；蒴果球形，柱头果期宿存。

花期：5—6月。

花粉形态：四合体；萌发孔3个；直径约30~35微米；外壁为颗粒状纹饰[232]。

珍珠花植物整株具毒，花粉和花蜜都有毒性，含木藜芦毒素Ⅲ，对牲畜和人有毒害作用[186,233]。要注意的是，杜鹃花科另外一种来自越橘属的植物——南烛（*Vaccinium bracteatum* Thunb.），有时也称为乌饭树，其果实无毒且可食用，可以开发成为一种优良的野生蔬菜和保健食品[234]。

④金叶子

金叶子［拉丁名：*Craibiodendron stellatum* (Laness.) W.W.Sm.］，杜鹃花科金叶子属植物，产于广东、广西、贵州、云南，生长在海拔（250～700）～（1600～2700）米的疏林中。常绿小乔木，植株高3～8米；叶厚革质，椭圆形，先端圆或微凹，基部钝或近圆形，边缘外卷；圆锥花序的花序轴被灰色微毛，苞片早落，花白色、芳香，小苞片窄三角形，花冠钟状，裂片与筒部近等长，子房密被柔毛；蒴果扁球形，果爿5；种子小，单侧有翅。

花期：4—10月。

花粉形态：四合体；萌发孔3个；直径30～35微米；外壁为颗粒或脑纹状纹饰[232]。

金叶子涩、微辛、性温、有剧毒。常以叶入药，有发表温经，活络止疼之功效，用于治疗跌打损伤、风湿麻木、外感风寒，也可用于治疗骨折，瘫痪和胃疼。金叶子有大毒，据称人食叶7片，即发生呕吐、头晕、嘴舌发麻，重者可昏迷数天才恢复正常，有"半天昏"之称[235]。

（10）玄参科

醉鱼草

醉鱼草（拉丁名：*Buddleja lindleyana* Fortune，别称：闭鱼花、痒见消、鱼尾草、樃木、鱼泡草、毒鱼草），玄参科醉鱼草属植物，主要产于江苏、安徽、浙江、江西、福建、湖北、湖南、广东、广西、四川、贵州和云南等省（区），生于海拔200～2700米的山地路旁、河边灌木丛中或林缘。灌木。叶对生，膜质，卵形、椭圆形或长圆状披针形；花穗状聚伞花序顶生，花紫色，芳香，花萼钟状，与花冠均被星状毛及小鳞片，花冠内面被柔毛，花冠筒弯曲，雄蕊着生花冠筒基部；蒴果长圆状或椭圆状，无毛，有鳞片；种子小，淡褐色，无翅。

花期： 4—10月。

花粉形态： 单粒；等极；长球形；萌发孔3～4个；直径约12～18微米，外壁为网状纹饰[218]。

醉鱼草整株（包括花粉）具小毒，对人和蜜蜂都有毒害作用[186]。该植物花和叶中含皂苷类、醉鱼草苷和黄酮类成分，如醉鱼草黄酮醇糖苷、柳穿鱼苷、刺槐素等多种黄酮[186,218]。醉鱼草属植物及其提取物具有抗菌消炎、镇静止痛、保肝、神经保护等方面的药理作用[236]。

（11）钩吻科

钩吻

钩吻［拉丁名：*Gelsemium elegans* (Gardner et Champ.) Benth.，别称：断肠草、胡蔓藤、大茶药］，钩吻科钩吻属植物，生于海拔500~2000米的山地路旁灌木丛中或潮湿肥沃的丘陵山坡疏林下。常绿木质藤本。长3～12米，小枝圆柱形，幼时具纵棱；除苞片边缘和花梗幼时被毛外，全株均无毛；花密集，顶生和腋生，三歧聚伞花序，每分枝基部有苞片2枚，苞片和小苞片三角形，生于花梗的基部和中部；蒴果卵形或椭圆形；种子扁压状椭圆形或肾形，边缘具不规则齿裂状膜质翅。

花期： 5—11月。

花粉形态： 单粒；等极；长球形；萌发孔3～4个；直径约30～40微米，外壁为网状纹饰[194]。

钩吻整株和花粉具毒，味辛、苦，性温。常用来祛风、攻毒、消肿和止痛。钩吻生物碱多为吲哚类生物碱，是其主要活性成分，能显著抑制中枢神经活动。现代药理学研究表明，钩吻生物碱具有多种药理活性，可抗肿瘤、促进机体免疫调节、治疗癌性疼痛和长期疼痛、使心肌收缩力减弱、血管舒张以达到降压效果，另外，还对焦虑症和皮肤病的治疗起到一定作用[237]。钩吻所含生物碱类毒性成分对人和蜜蜂都有毒害作用，但其叶对猪、羊等畜禽动物有促生长作用[186]。

（12）茄科

①曼陀罗

曼陀罗（拉丁名：*Datura stramonium* L.，别称：醉心花、狗核桃、枫茄花），茄科曼陀罗属植物，全中国均有分布。草本或半灌木。高约0.5～1.5米，植株平滑或在幼嫩部分被短柔毛；茎粗壮，圆柱状，淡绿色或带紫色，下部木质化；花单生于枝权间或叶腋，直立，有短梗，花萼筒状，筒部有5棱角，5浅裂，裂片三角形，花冠漏斗状，下半部带绿色，上部白色或淡紫色；蒴果直立生，卵状，成熟后淡黄色，规则4瓣裂；种子卵圆形，稍扁，黑色。

花期：6—10月。

花粉形态：单粒；等极；球形；萌发孔3个；直径约40～55微米，外壁为条纹状或网状纹饰[194]。

曼陀罗整株（包括花粉）具毒，有毒成分为莨菪碱、东莨菪碱等生物碱类化合物，对蜜蜂、牲畜和人均有毒害作用[186]。适量使用有镇静、镇痛、麻醉的功能。在东方医学特别是在阿育吠陀医学中，曼陀罗被用于治疗包括溃疡、伤口、炎症、风湿病和坐骨神经痛等在内的各种疾病。在医学上，曼陀罗口服和全身给药可能导致严重的抗胆碱能症状，了解这种植物的毒性和潜在风险,对合理利用该种植物具有重要意义[238]。

②龙葵

龙葵（拉丁名：*Solanum nigrum* L.，别称：天星星、野梅椒、野伞子、小果果、谷奶子），茄科茄属植物，全国均有分布，生于田边、荒地。一年生直立草本。茎无棱或棱不明显，绿色或紫色，近无毛或被微柔毛；叶卵形，先端短尖；

蝎尾状花序，花冠白色，筒部隐于萼内，5深裂，裂片卵圆形；浆果球形，成熟后为黑紫色；种子多数，近卵形，两侧压扁。

花期：5—8月。

花粉形态：单粒；等极；球形；萌发孔3个；直径约10～25微米，外壁为疣状纹饰[194]。

龙葵植株具毒，主要含生物碱类龙葵碱、澳洲茄碱等成分，在肿瘤、过敏与感染等疾病治疗中逐渐得到广泛应用。其抗肿瘤活性，可通过多方面加快细胞的凋亡速度，阻断细胞的增殖，在一定程度上，促进了肿瘤患者病情的好转，延长了患者的生存时间。但龙葵的药理学机制仍处于不断研究阶段，今后需要加大其医药学研究力度，拓宽龙葵的应用范围，使其充分发挥应有的作用[239]。

（13）藜芦科

藜芦

藜芦（拉丁名：*Veratrum nigrum* L.，别称：黑藜芦、山葱），藜芦科藜芦属植物，产于亚洲北部和欧洲中部，中国主要分布于长江以北地区。多年生草本。茎通常粗壮，基部的鞘枯死后残留为有网眼的黑色纤维网；叶椭圆形、宽卵状椭圆形或卵状披针形，薄革质，基部无柄或具短柄，两面无毛；顶生总状花序常较侧生花序长2倍以上，几乎全部着生两性花；蒴果。

花期：7—9月。

花粉形态：单粒；异极；扁球形或舟形；萌发孔1个；直径约40～50微米，外壁为网状纹饰[194]。

藜芦整株具毒，花粉量多且有毒[186]。植株含有的西藜芦生物碱类成分，如原藜芦碱A具有极高毒性，对蜜蜂和人皆毒，蜜蜂采食后抽搐、痉挛，有的来不及返巢便死于花下[186,240]。藜芦具有抗血吸虫、抗真菌、杀螨虫，以及灭孑孓、蛆虫的作用，在牲畜寄生物防治上有良好的开发前景。可利用藜芦为君药与赤芍、白芍、枳壳等配伍治疗受孕和产后乳牛前胃弛缓[241]。

（14）马桑科

马桑

马桑（拉丁名：*Coriaria nepalensis* Wall.，别称：千年红、马鞍子、水马桑、野马桑、马桑柴），马桑科马桑属植物，分布在云南、贵州、四川、湖北、陕西、甘肃、西藏等省（区）。灌木，高1.5～2.5米，分枝水平开展，小枝四棱形或成四狭翅，幼枝疏被微柔毛，常带紫色，老枝紫褐色，具显著圆形突起的皮孔；叶对生；总状花序生于二年生的枝条上，雄花序先叶开放，多花密集；果球形，果期花瓣肉质增大包于果外，成熟时由红色变紫黑色；种子卵状长圆形。

图4-7　马桑（陆露　摄）

花期： 3—4月。

花粉形态： 单粒；等极；球形；萌发孔3个；直径约26～35微米，外壁为小刺疣状或穿孔状纹饰[194]。

马桑为一种有毒的中草药，其果实具有治疗麻痹、牙痛、跌打损伤等价值，其成分马桑内酯可用于治疗精神分裂症[242]。植物整株含马桑毒素、羟基马桑毒素等双环倍半萜内酯类毒性成分，该化合物对人有毒性作用，对昆虫有一定的拒食作用[186,243]。

（15）石蒜科

文殊兰

文殊兰 [拉丁名：*Crinum asiaticum* var. *sinicum*（Roxb. ex. Herb.）Baber.，别称：文殊兰、罗裙带]，石蒜科文殊兰属植物，分布在云南、湖南及华南各省（区），常生于海滨地区或河旁沙地。多年生粗壮草本。鳞茎长柱形；花茎直立，几与叶等长；伞形花序，佛焰苞状总苞片披针形，小苞片狭线形；蒴果近球形；通常种子1枚。

花期： 夏季。

花粉形态： 单粒；等极；扁球形或球形；萌发孔3个；直径约60～85微米，外壁为刺状或小棒状纹饰[194]。

文殊兰性味辛、凉、有小毒。有消肿止痛、行血散瘀之效，对跌打损伤、痈疖肿毒、蛇咬伤等有治疗作用。一直以来，文殊兰作为民间用药，中国南部居民常将其新鲜的叶或鳞茎捣碎后敷于患处，用来治疗软组织受损、肿痛、闭合式骨折、刀伤及蛇咬等[244]。

（16）菊科

千里光

千里光（拉丁名：*Senecio scandens* Buch.–Ham. ex D.Don，别称：九里明、

蔓黄菀），菊科千里光属植物，分布于我国长江以南大部分省（区）。多年生攀缘草本。根状茎木质，较粗；茎伸长，弯曲，多分枝，被柔毛或无毛，老时变木质，皮淡色；头状花序，舌状花舌片黄色，长圆形，具4脉，管状花多数，花冠黄色，檐部漏斗状；瘦果圆柱形，冠毛白色。

花期：8月至次年4月。

花粉形态：单粒；等极；扁球形或球形；萌发孔3个；直径约30～40微米，外壁为菱形凸起的大刺状纹饰[194]。

千里光性寒、味苦，具有清热解毒、明目、止痒等功效。现代药理表明，千里光具有抗菌、抗螺旋体作用，可抑制人体中的阴道滴虫，所以在临床方面，普遍应用治疗各种炎症、各种眼科疾患、滴虫性阴道炎等[245]。该植物含有大量生物碱，可对肝脏产生毒性[246]。千里光属在我国有超过60种，大部分物种多含有有毒生物碱，或具有相似的毒性[186]。

结语：学习了这么多小知识后，你是否了解蜜源性中毒了呢？很多事物外表虽然美丽，但是内在却隐藏着鲜为人知的危险。在我们的生活中，大部分有毒蜜源植物的花都非常漂亮，让我们无法经受住诱惑去触碰，在此过程中，我们随时可能被有毒的、皮肤致敏的花粉、花蜜所感染。除此之外，蜂蜜受到人们的青睐，特别是对野生蜂蜜更有偏向性的青睐，加之很多时候我们都缺乏技术手段去准确辨识野生蜂蜜所含有的成分，在这种未知情况下，过多的摄入将可能会造成未知的伤害。由此可见，认识一定的有毒蜜源植物是很有必要的，不仅可以让我们学习到更多的知识，而且还可以为自己和家人的生命健康保驾护航。

雷公藤和小蜜蜂

　　看着眼前各种各样植物的花粉，聪明的小蜜蜂们通常情况下都会选择无毒而且高质量的花粉去采集，但并不是一年四季都有充足的花蜜供它们采集。到了7—8月的时候，气温较高，这时候春天里五彩缤纷的花都凋谢了，而秋季的花儿们花期也还没到，小蜜蜂们就开始苦恼了，小蜜蜂花花说："唉……今天累了一天了，还是没有找到适合的花粉，这可怎么办呀，回去会不会被蜂王炒鱿鱼呀！"听花花那么一说，本就劳累的小蜜蜂们都着急了，开始"嗡嗡嗡"地抱怨起来，就在这时，一旁的朵朵发话了，朵朵可是蜂群里公认的最聪明的小蜜蜂了，它每次都能带大家找到最好的花粉。朵朵沉思了一会儿说道："我想起来啦！那边有几株雷公藤花开得正旺呢！咱们可以过去看看。"听朵朵这么一说，大家都沉不住气了，跟着朵朵一起去找雷公藤花了，就这样，蜂群们最后都满载而归。

　　小白老师小课堂：蜜蜂是很勤劳的动物，但是在夏季特别是7—8月，很多花的花期都过了，这时它们只能选择正在盛开的花去采集花粉酿成蜂蜜。其中就包括了很多有毒蜜源植物的花粉，雷公藤也是其中的一种。当这些植物的花粉被小蜜蜂采集后就会酿成毒蜜，食用了毒蜜的人们会出现中毒等症状。大家切记，不要乱吃野生蜂蜜噢！

二、药食蜜源性中毒

进食蜂蜜对身体有诸多益处，但很少人意识到毒蜜的存在，因此，误食有毒蜂蜜中毒的事件也屡见不鲜。早在唐代，孙思邈所著的《要方·食治·鸟兽第五》一书中就记载了："七月勿食生蜜，令人暴下，发霍乱。"明确提出食用野生蜂蜜具中毒的潜在风险。大多数蜂蜜中毒事件是中毒者食用的蜂蜜中含有有毒植物（蜜源）花粉或毒性成分造成的。因此，蜂蜜中毒与有毒蜜源植物密切相关[186]。

国内外对食用蜂蜜中毒事件常有报道，土耳其东部黑海地区因蜜蜂采集杜鹃花属植物花蜜产生的含有梫木毒素的蜂蜜，导致人类患上了"狂蜜病"[247]。新西兰的一种马桑属植物，其叶子上有一种澳洲广翅蜡蝉所分泌的羟基马桑毒素，此类花蜜被蜜蜂采集产出的蜂蜜也具有毒性[248]。在日本也发生过食用含有乌头碱的有毒蜂蜜导致食物中毒的事件[249]。过去贵州梵净山麓的江口县、印江县山区发生了23起博落回有毒蜂蜜食物的中毒事件[250]。有毒蜜源中毒事件的频繁发生，不得不让我们对蜂蜜的选食引起重视！

乱吃蜂蜜的小熊

在森林里住着小熊一家，有熊爸爸、熊妈妈和两只小熊兄弟。它们一家四口幸福地生活在森林里，平时靠采食野果、蘑菇和蜂蜜为生，小熊兄弟们最喜欢的食物就是香甜可口的蜂蜜了，每次熊爸爸带了蜂蜜回家，熊兄弟们都高兴坏了，争着吃蜂蜜。一个炎热夏天的午后，小熊兄弟们在去给它们的好朋友长颈鹿过生日的途中，看到路边树上挂着的蜂蜜，正巧此时它们又累又饿，于是它们摘下蜂蜜，狼吞虎咽地吃了起来。机警的熊大哥看见蜂蜜有的呈微黄色，有的呈绿色，味道苦涩，有麻舌头的感觉，于是他提议不要吃，但在饥饿的情况下，最终，小熊兄弟们还是经不起食物的诱惑而冒险采食。待吃饱之后，熊兄弟们又继续赶路了，等他们到长颈鹿家时，熊小弟便觉得有些头晕，起初大家都没在意，以为路途遥远太累了，继而兴高采烈地参加生日聚会，突然熊小弟开始呕吐、眼花胸闷、全身乏力、腹泻并带有便血和大量泡泡样排泄物、腹部肿胀、过敏气喘、皮肤出疹、进食减少，最后直接昏迷了，熊大哥也接着出现了类似的症状，此时大家才感觉到不对劲，赶紧将小熊兄弟们送去森林动物医院。袋鼠医生通过询问，初步诊断它们是蜂蜜中毒，于是展开了治疗。有惊无险，小熊兄弟们都脱离了生命危险。森林食品检验机构的有关人员去采集他们食用过的蜂蜜做检测发现，蜂蜜中含有雷公藤花粉，判断小熊兄弟们中毒就是由于误食雷公藤花蜜引起的。经过这次教训，小熊们再也不敢随意吃不明来源的蜂蜜了！

小白老师小课堂：野生蜂蜜虽好，但是不能随便食用！野生蜂蜜来源于野生蜜蜂酿制，与专业的养殖蜜蜂不同，野生蜜蜂采集的植物花粉具有不确定性，其中可能就包含了很多有毒蜜源植物的花粉。食用毒蜜的后果不堪设想，接下来就跟小白老师一起了解毒蜜吧！

有毒蜂蜜主要由食入野蜂蜂蜜引起。野蜂采集的花粉较复杂，往往混有有毒植物花粉，食入这类花粉所酿的蜜，有可能发生中毒。家养蜂在有毒植物大量开花季节，亦有可能采集有毒花粉酿蜜，同样可能引起食蜜者中毒。

临床表现：（1）潜伏期0.5~24小时。（2）中毒表现：头晕、恶心、呕吐、腹痛、便血、心悸、胸闷、蛋白尿，重者可发生急性肾衰竭。中毒症状常因蜂蜜所含毒素不同而异，如误食曼陀罗花蜜可有颠茄类中毒样表现，误食洋地黄花蜜有洋地黄中毒表现。因此，大家应注意了解本地区、本季节有哪些有毒植物开花，蜜蜂可能采集了哪些花粉？这对诊疗极有帮助。

急救措施：

1. 催吐、洗胃、导泻。

2. 静脉输液，维持水、电解质平衡，促进毒素排泄。

3. 注意保护心、肝、肾等器官功能，可给予大剂量维生素C、B族维生素、肌苷、能量合剂等，重症者可予糖皮质激素。

4. 对症处理。

（来源：健康一线）

三、花粉有害物质超标

1. 重金属

　　众所周知，蜜蜂是虫媒传粉植物最主要的传粉动物之一，生物多样性及其功能与生态系统的稳定密切相关，传粉昆虫被认为是最主要的访花类群，85%的作物及野生植物依赖其授粉[251]。然而，近年来陆续有研究报道，欧洲和北美等地蜜蜂、蝴蝶等传粉昆虫和依赖它们授粉植物种群的消失，使传粉者种类、数量减少，及其带来的传粉功能下降是当前全球面临的重要生态问题[251]。由于人类活动的影响，工业文明的不断发展和伴随而来的污染问题不断加剧，我国本土蜜蜂——中华蜜蜂等物种不断减少，传粉也随之受到影响。

　　有研究表明，蜂蜜样品中一般含有锰（Mn）、铜（Cu）、锌（Zn）等3种金属元素，其实金属元素在蜂蜜中是普遍存在的，锌等金属元素是食物中重要的营养成分[252]，但是，过量摄入这些人体所需的金属元素会导致金属中毒。由于空气污染等问题，花粉的质量也随之下降，蜜蜂酿制的蜂蜜可能存在重金属超标等问题。除以上人体必须金属元素外，重金属元素（如铁、汞、铅、镉等）进入人体后很难降解，它们在人体内聚集会使得蛋白质及酶失去活性从而引起人体重金属中毒。另外，重金属元素的存在也会对蜜蜂本身有损。蜂蜜质量会受花蜜质量的影响，花蜜质量与环境息息相关，在空气清新、受污染程度较轻的野外，花蜜质量更高；但是在土壤和空气受严重污染的城市，蜂蜜质量也相对低劣，如果人们误食了重金属超标的蜂蜜将会对人体健康造成巨大危害。

　　蜜蜂采集了被金属污染的花粉，制成金属污染的花蜜，会对人体造成危害。除此之外，重金属还可以通过其他途径污染蜂蜜，如用金属器皿盛放蜂蜜，就是我们日常生活中常见的存放方式。很多人却不知道这样做会危害自己和家人的身体健康。这是为什么呢？原来呀！人们食用蜂蜜是因为其有较高的营养价值，蜂蜜中含有有机酸和碳水化合物，用金属器皿盛放蜂蜜会使其营养结构遭到破坏，蜂蜜中的有机酸会经过一系列化学反应，使蜂蜜中铁和锌等重金属含量升高，导致蜂蜜变质，从而失去其原本的营养价值。人们食用重金属含量超标的蜂蜜后，易发生恶心、呕吐等中毒症状，所以应该用玻璃瓶、木桶等容器储存蜂蜜为佳[253]。

　　一般来说，城市里的人们会在市场上购买蜂蜜，只有极少数家庭食用的是原生态或野生蜂蜜。所以，蜂蜜在收购、生产和贮存过程中，可能会受到不良商贩的掺杂或自然污染，从而造成蜂蜜质量降低或低劣，使人们对食用蜂蜜担惊受怕。那我们该怎样鉴别它呢？

如何鉴别蜂蜜中的重金属？

生活小贴士

　　取1勺蜂蜜放入茶杯中，加入适量已泡好的茶水，用筷子搅拌均匀，使蜂蜜溶解。观察茶水颜色，如发现茶水颜色不变，证明蜂蜜可能未被重金属污染；如果茶水变成灰色、褐色或黑色，证明蜂蜜可能受到了重金属污染，颜色越深，污染程度越重。茶水变色是因为茶叶中的鞣质与受污染的蜂蜜中铁络合成褐色的络合物。受污染蜂蜜中铁的含量不同也就引起了茶水色泽深浅不同的变化。蜂蜜受铁的污染，伴随着同样也会受铅和钾等金属的污染[253]。

　　采集蜂蜜的生产工具及包装容器通常都是金属制品，当这些金属制品表面与蜂蜜接触时，呈酸性的蜂蜜会腐蚀金属器具，同时，蜂蜜也会受到金属器具的污染。被金属污染过的蜂蜜，品尝时会有一股金属气味。

2. 农药

农作物、果树一般会被喷洒农药，目前食用的蜜蜂花粉不少是农作物、果树的花粉，如玉米、油菜、向日葵、棉花、紫云英、荔枝等花粉。为了检验花粉中是否受到农药污染，需要对花粉产品进行农药残留检测。有学者对浙江的玉米、田菁、荞麦花粉样品进行农药残留检测，庆幸并未发现农药成分影响健康。但是，学者倡议，当进行花粉食品研制之时，都应对选用花粉进行农药残留检测[254]。

蜂蜜中农药化学有害物质主要是因为农作物花期不合理喷洒农药，特别是近年来，农作物使用农药的量大大增加，蜂蜜中含有化学有害物的概率也因此不断攀升。蜜蜂采集喷洒农药的蜜源后可能会直接中毒死亡，也有可能农药残留物毒性较小、发作时间比较晚，蜜蜂不会立即死亡，蜜蜂就会利用这些带有农药残留物质的花蜜酿成有毒蜂蜜，经过一段时间，农药残留化学有害物并未降解，若被人们食用的话，就可能会对人体健康极大威胁：有可能会直接中毒，也有可能会在人体内不断积累最终对身体产生不利影响。所以，蜜蜂养殖人员必须时刻关注养蜂附近农作物农药喷洒情况，不要将蜜蜂养殖在使用农药频率较高的地方，作为消费者，也不要直接吃没有经过检验，蜜源不明的蜂蜜。

3. 颗粒物

本书前面章节已经提到，花粉是诱发季节性过敏性鼻炎和哮喘的主要原因，花粉过敏的人数在逐年递增，与各个城市绿化面积的增加和植物种类的增多有一定相关性。花粉症的发病率升高，已成为全球性热点问题。花粉症患者在国内人群中的发病率约为0.5%～1.0%，最高的发病地区可达5%[255]。在外部因素的作用下，花粉内部的细颗粒物会被释放出来，长期悬浮在环境中，成为PM2.5的一部分，对人的健康产生影响，甚至影响人们的日常生活[256]。

国内外有关大气颗粒物对人体健康影响的报道已经取得重要研究进展。随着全球经济的飞速发展，在全球气候变暖以及城市化快速推进的背景下，植物的花期和花粉产量也因此发生改变，花粉症就诊率明显上升，因致敏花粉飞散造成的空气污染近年来备受关注[257]。花粉污染是指由植物释放的能够导致人体过敏的花粉所引起的污染[257]。我国关于气传致敏花粉的调查起步较晚。很多大气污染物会黏附在花粉上，这时花粉就像一辆汽车，携带着空气中的各类污染颗粒物[257]。花粉粒上还存在着一种特殊的致敏蛋白，这种蛋白能与大气颗粒物相互作用，进而增强了飞散致敏花粉的致敏作用[257]。不仅如此，花粉还可以跟大气中的多种物质发生复杂的化学反应[257]。相关研究表明，花粉过敏症的严重程度与患病率跟大气中可吸入颗粒的含量呈正相关[257]。相关专家认为，大气中的污染物，例如：硫化物、氮氧化物和PM10等是刺激花粉过敏症的关键因素[257]。除此之外，气象因素如温度、湿度与花粉症也有密切关系[257]。由于大气污染成分十分复杂，气传花粉致敏机制尚有待深入研究，而且飞散致敏花粉能够破裂释放出更小的花粉细颗粒物，花粉致敏蛋白依附在空气颗粒物中，对人的健康具有极大的威胁。因此，有关大气颗粒物与气传致敏花粉联合作用的研究，目前正受到广大研究者的关注，将是21世纪大气科学与公共卫生学研究的一大热点之一。

科学实验员

大量研究证明，空气中可吸入颗粒浓度与花粉症严重程度呈正相关。城市高水平的排气排放量和城市生活方式与过敏性呼吸道疾病的上升趋势关系密切[258]。花粉粒子能吸附多种物质，并与这些物质发生复杂的化学反应，增强了气传致敏花粉的致敏作用[259]。对燃煤飞灰和豚草花粉等进行收集，通过细胞染毒实验发现花粉和颗粒物的染毒剂量与细胞生长抑制率均呈正相关，发现两者联合氧化损伤作用显著大于花粉或颗粒物的单一作用[259]。

结语： 世间美好的事物都可能具有两面性，蜂蜜亦是如此。蜂蜜在给人类健康带来益处的同时，也给人类健康带来了潜在的威胁。通过上述各种案例，你对蜂蜜的两面性是否有了更多的了解呢？当然我们不仅学习了相关知识，最重要的是将这些知识带进我们的日常生活，俗话说"病从口入"，未经加工的野生蜂蜜中可能存在着诸多对人体健康不利的危险，导致蜂蜜中毒事件，甚至会严重威胁生命；有的有害物会在人体内不断积累，最后也会威胁人体健康。蜂蜜中毒带来的危害不容小觑，应该慎重选食，不能随意食用来路不明，未经检验、加工，不符合食品安全的蜂蜜！许多有害物质是看不见也闻不到的，例如，随着工业活动的日益频繁，被铅、镉、铬、砷、锰、铁、钴、汞、铜、锌、镍等重金属元素污染的土地许多植物的生长不可避免地汲取了土壤中的重金属元素，这不仅会导致植物的花蜜被污染不能食用，还会使植物传粉过程中的传粉者（昆虫、鸟类）减少威胁植物的繁殖[260,261]。

第五节　外来入侵物种与生物多样性安全
——传粉资源争夺战

引言： 英国生物学家查尔斯·达尔文在他脍炙人口的《物种起源》一书中，提出了进化论的核心思想，即"物竞天择，适者生存"。自然选择不仅只存在于动物界，同样也存在于植物界，长期上演着"没有硝烟的战争"。从古至今，总有一些侵略欲望强烈、野心勃勃的国家不惜一切去攻打并侵占其他国家而使自己强大昌盛，植物界也不断爆发着类似的残酷之战，外来物种入侵就是其中的一种。

外来物种入侵是由传播者不经意间或有意带入造成的。入侵者在入侵后会肆意疯长来侵占本土植物的生态位，从而影响本土及其周围植物的生长，甚至会导致某些植物濒临灭绝。外来物种入侵目前已经成为安全领域中的突出问题，对我国生物多样性和生态文明造成了巨大威胁，危害着国家安全、社会经济发展和人类健康。我国是世界上遭受外来物种入侵危害最严重的国家之一，外来物种入侵是我国生物多样性丧失的主要威胁因素之一[262]。

外来物种入侵简称为生物入侵，是指一些原本不属于本土的物种通过自然或人为途径迁入或侵入，抢占了本土物种的生态位，破坏了原有的生态平衡，对侵入地的生物多样性、生态系统及人类健康造成严重影响甚至导致生态灾难的过程[263]。

通俗地说，就是外来物种"入侵并打败"当地物种，"反客为主"导致了本地的生态失衡[264]。外来入侵物种就好比是发现美洲大陆的意大利人，它们从遥远的欧洲远涉重洋而来。尽管他们没有找到《阿波罗游记》中遍地黄金的中国，但他们却找到了更加广阔的美洲大陆，他们利用自己的先进技术迅速占领和改造了这片土地，却肆意地驱逐和奴役作为原住民的印第安人。在广袤的新土地上，作为入侵者的生物迅速生长繁殖占据了湖泊、陆地、森林，而"土著生物"由于竞争不过外来入侵物种则渐渐凋零甚至最后灭绝。我国的外来物种入侵现象古已有之，公元689年的《唐本草》中就有关于蓖麻传入的记载[264]。进入21世纪以后，随着经济全球化的快速推进，国际交流日益增进、合作增多、世界经济贸易的迅速发展、交通高度发达、中国"一带一路"的推进等，导致生物入侵日益严峻[264]。在此背景下，生物物种可以以更大概率和更多渠道在不同国家之间传播，入侵问题越来越严重，已经在一些国家和地区造成了严重的生态失衡和巨大的经济损失。

　　生物入侵分为"引进"和"偷渡"两种。引进的外来物种大部分是可以造福并为人类创造财富的，如玉米、西红柿、土豆等。农业、林业、畜牧业和水产养殖业中物种的早期引进极大程度地推进了我国人类物质文明的前进。但若引种不当也会泛滥成灾，造成难以估量的损失，如水葫芦最开始引入净化水体并兼顾农业牲畜食源（主要是猪食），随着养殖业的迅速发展，水葫芦在淡水湖中肆意繁殖，严重破坏水体的生态，如何防控与根除目前仍是"入侵生态学"的难解之题。一次飞机航班、一艘远洋轮船、一位旅行者、一只过境的候鸟，都可能携带着新物种"登陆"一个陌生的环境[265]。

　　在海、陆、空交通飞速发展的现代社会，一些生物"偷渡者"更是防不胜防，曾经的它们也许只是跟随南迁的海鸥或者一阵飓风去到离家不远的地方，而现在它们搭乘航班、货轮、火车穿梭于不同的国家和大陆。生物入侵已成为世界各国正在

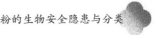

面临的一个巨大挑战，下面让我们一起走进生物入侵，一起来了解生物入侵！

一、我国生物入侵的现状

生物入侵是一种普遍存在的现象，在全球范围内和地质历史时间尺度上，它深远地影响着全球的生物分布。随着某个物种在地球上的首次传播，自然入侵的历史也便开始了。近年来，大部分生物入侵与人类活动有着很大的关系。随着科学技术的迅速发展和交通方式的多样化，人为影响造成的生物入侵在数量上和范围上都在前所未有地不断增加。

1. 来源多，种类广泛

20世纪90年代中期，我国才逐渐重视并开展对外来入侵植物物种的调查。丁建清[266]等于1995年在国内首次依据文献资料对农田、牧场、水域等生境的植物进行了初步统计，发现至少有58种外来植物给我国农、林业带来了危害[266]。随后，中国科学院植物研究所和动物研究所根据对外来物种的调查结果编目，发现我国至少有300种入侵植物[267]。外来植物主要来自植物界26个科近80多种，并且数目不断攀升，如水盾草（*Cabomba caroliniana* A. Gray）[268]。21世纪初，中国香港陆地生物多样性一项调查研究发现，中国香港地区分布的2130种野生维管植物中，至少有180种是外来物种，另外还有50种被认为无法确定其来源，外来物种占比显著，高达10.8%；同时也有研究报道，上海的外来植物居然占到本地植物区系的57.4%[269]。我国政府于2003年、2010年、2014年、2016年分四批发布了《中国外来入侵物种名单》，截至2020年生态环境部发布的《2019中国生态环境状况公报》显示，我国已分布了来自于世界各地的660多种外来入侵物种，西南和沿海地区最为严重。

2. 入侵面积大，被入侵的生态系统类型多样

由于我国地域辽阔，边境线和海岸线较长，跨越50个纬度，5个气候带，生态系统复杂多样且环境异质性高，适宜各种各样的动植物生存，所以，在我国34个省级行政区中，除几个位于青藏高原的保护区外，都能发现外来植物的身影[270]（见表4-9）。就生态系统来看，几乎所有的生态系统，包括森林、草原、海洋、淡水、农田、湿地以及城市生态系统都能发现入侵生物[271]（见表4-10）。怎么样？下表列举的这些植物，是不是很熟悉，很多物种陪伴在我们左右，成为我们生活不可或缺的一部分，想不到它们都是他乡之客吧！

表4-9　部分入侵植物原产地分布表

原产地	植物名称
南亚	香附子
西亚	波斯婆婆纳
非洲	棕叶狗尾草、邹果苋
欧洲	小繁缕、大瓜草、穿叶独行菜
南美洲	喜旱莲子草、凤眼莲、含羞草、马缨丹
中美洲	紫茎泽兰、飞机草、薇甘菊
北美洲	豚草、土荆芥、圆叶牵牛

表 4-10　不同生态系统中的代表性入侵物种

类型	代表性入侵种
草原	叶蓼、鹅肠菜、酢浆草、水虱草、野莴苣、飞机草、紫茎泽兰
农田	繁缕、早熟禾、酢浆草、水虱草、棉红铃虫、苹果绵蚜、葡萄根瘤蚜、二斑叶螨、马铃薯甲虫
湿地	福寿螺、湿地松粉蚧、牛蛙
森林	松材线虫、松突圆蚧、微甘菊、虫蜡树
水域	水葫芦、水盾草、裙带菜、大米草、梳状水母、青蟹
城市	白蚁、紫穗槐、火炬树、多花黑麦草

3. 入侵范围不断扩大，潜在危害大

外来植物小规模入侵后，如果能获得成功定植，它们将会疯狂地向四周扩散。例如，过去仅在新疆分布的野莴苣，于1984年以后，就一路向东扩散至辽宁[272]。1982年，在南京首次发现的松材线虫，扩展蔓延极为迅速，现在已广泛分布至中国很多地区[273]。20世纪80年代初，从海外传入深圳的微甘菊，已对我国南方大部分地区造成了灾害性危害。20世纪60年代至80年代，来自英、美等国的大米草，一开始的引入初衷是保护滩涂，但该物种在沿海地区疯狂肆掠地生长并向四周海岸带扩散，近年来侵入面积越来越大，目前已到了难以控制的局面[274]。20世纪90年代，美洲斑潜蝇和南美斑潜蝇陆续侵入我国，从云南、广东等地迅速扩散至全国大部分省（区、市），造成了严重的经济损失[275]。

科普小贴士

生物入侵在我国出现过三次历史高峰：第一次高峰出现在20世纪三四十年代的抗日战争时期，很多外来入侵物种都是随传教士和侵略部队进入我国境内的；第二次高峰发生在20世纪五六十年代中华人民共和国成立初期，这期间的入侵物种多为人为引进，如国际互赠等；第三次高峰在1970年代末至今，我国开始实行对外开放政策，经济建设的飞跃发展，国际贸易、国际旅行等日益频繁，人类活动在很大程度上加快了外来物种的入侵速度，提高了入侵强度[275]。尤其是随着我国加入WTO，目前建设"一带一路"，国门更加敞开，入侵生物也有了更多的机会进入我国境内，我们应该时刻提高警惕、加强防范。

二、外来物种入侵的途径

1. 人为引入

人为引进外来物种的主要目的，是发展我国经济或是保护改善我国生态环境。据资料统计，早在1970年，我国引进的植物有837种，隶属267科，约占我国栽培植物的25%～33%[271]，已知的外来有害植物中，超过50%的植物物种是人为引种的结果[268]，这一比值还在随着时间的推移不断增长。这些植物中，有白车轴草、紫苜蓿等牧草或饲料，有紫茉莉、月见草等观赏植物，有荞麦、菊芋等经济植物，有麦蓝菜等药用植物，有多花黑麦草、紫穗槐等草坪植物，更有火炬树等绿化植物[271]。

2. "顺风车"

外来物种入侵的一个重要途径或手段，就是借助交通工具。汽车、火车、飞机等均有可能成为入侵物种的"顺风车"。例如，白蚁通过公路或铁路的集装箱运输传入我国；豚草和三裂叶豚草通过飞机传入东北后又南下进入了北京[276]；新疆的褐家鼠和黄胸鼠则沿着铁路系统传入内陆中东部地区；每时每刻，船舶压舱水都可能携带着近百种外来海洋生物进入我国[273]。

3. "偷渡者"

无意引入是指某个物种通过利用人类或人类传送系统作为媒介，扩散到其自然分布范围以外的地方，从而形成的物种引入。例如，国际贸易货物运输、入境人员或旅游者不经意间带入境。例如，20世纪80年代从美洲国家进口的粮食中携带而来的假高粱，由旅游者行李所黏附带入的牛膝菊等[271]。

4. 自然传入

自然入侵是指非人为因素引起的物种入侵，主要通过物理因素（如风力、水力、机械力等）或者生物因素（昆虫、鸟类或小型哺乳动物等）迁徙携带入境，这些植物的种子，动物的幼虫、卵或它们携带的微生物对当地的生物造成了威胁或危害所引起的入侵。例如，豚草就是因为修建新的交通要道时，沿路植物被遭到铲除破坏，逐步从朝鲜扩散至中国。紫茎泽兰、微甘菊以及美洲斑潜蝇也被认为都是通过自然因素入侵至我国。

三、外来物种入侵的影响

1. 对生物多样性的影响

生物多样性是生物及其环境形成的生态复合体以及与此相关的各种生态过程的综合，包括动物、植物、微生物和它们所拥有的基因以及它们与其生存环境形成的复杂的生态系统。外来物种入侵是生态系统和生物多样性的重大威胁之一，这些物种一旦进入新环境后，就会与本土物种争夺有限的食物资源、空间资源和传粉资源，直接导致本土物种的退化，甚至灭绝。全球各国每年因外来生物入侵损失达数千亿美元[277]，这不得不引起全世界的高度重视，联合国大会将《生物多样性公约》通过之日的5月22日列为"国际生物多样性日"。我国生物入侵的现状也十分严峻，在世界自然保护联盟（International Union for Conservation of Nature，IUCN）公布的全球100种最具威胁的外来物种中，我国发现50种。

外来物种在丰富了本土物种多样性的同时，也带来了诸多负面影响，给当地生态环境、社会经济发展以及人类健康造成了巨大危害。在新的环境中，外来物种可能因为没有天敌而迅速拓殖，或者与本地物种争夺生存资源，破坏了原有的生态系统平衡，降低了本地物种多样性[278]。例如，据调查云南洱海有17种土著鱼类，之后有意无意地引入了13个外来种，原有的土著鱼受到了严重威胁，目前已有5种濒于灭绝[279]。

稳定的植被群落中存在着一个由植被—土壤—土壤微生物构成的相互促进、相互制约的整体[280-281]。外来入侵物种通过改变土壤微生物群落结构从而改变土壤的营养成分，利用自身对环境极强的适应改造能力悄无声息地将土壤和土壤微生物改造得更加适合自己生长、发育和繁殖，可以说是"鸠占鹊巢"。而此时的本土植被就好比那丢了粮草的军队，又怎么能抵挡兵强马壮的入侵者呢？等待它们的就只有被赶出家园甚至是灭绝。

外来入侵植物非常奸诈狡猾，它们到了别人的领地，想尽办法驱赶原来的主人让自己取而代之，它们能够向土壤中释放化感物质来危害本地植物的生长[282-285]。这种通过释放化感物质使本土物种的种群规模不断萎缩的方式，不但破坏生态平衡，也影响社会经济发展和人类健康[286]。例如，化感作用是世界性杂草刺苍耳入侵的重要武器，促使其在侵入地快速形成大面积的单一优势种群[283-285]，也是群落演替、作物连作障碍等的重要原因[287-289]。

外来入侵物种还可以直接在遗传上对本土植物进行改造，高明的入侵种与本地种杂交产生新产物，这种由入侵种与本地种基因交流的新产物既具备入侵种的特性，同时也继承了本土种对当地生态环境的适应能力。例如，加拿大一枝黄花在上海、江苏多地迅速蔓延，与本地假蓍紫菀杂交，产生了新的后代，对本土植物的遗传特性产生影响从而实现自己的入侵[290]。

2. 对人类健康和社会稳定的威胁

全球经济一体化给人类社会带来蓬勃发展的同时，也伴随产生了诸多人类健康相关的新问题。世界著名外来物种之一的豚草，其花粉就是人类过敏性疾病的主要病原之一，豚草所引起的花粉症逐渐困扰着全世界越来越多国家的人群[291]。每到豚草开花的季节，花粉症患者便发生哮喘、打喷嚏、流清水样鼻涕等症状，体质弱者甚至可发生其他合并症以及死亡[292]。

经不住诱惑的小蜜蜂

在一片树林里，有一群勤劳的小蜜蜂，它们每天早出晚归，漫山遍野地采集新鲜的花蜜。一个星期前，一场大风刮过了树林，许多小蜜蜂都被大风卷走了，剩下的小蜜蜂害怕极了，躲在蜂巢里不敢出门了。这天，它们储备的蜂蜜快吃完了，于是它们决定像往常一样出去寻找花蜜。告别蜂妈妈后，它们开始四处寻找花朵，大风过后，许多植物的花朵被吹得七零八落，花蜜也所剩无几。突然一只小蜜蜂大喊："大家快过来，左边有个大花群，足够我们采食好长时间呢！"这时，另外一只小蜜蜂指着左边的花群说："这是什么花啊，怎么从来没见过，但是它开得真鲜艳，花蜜也好香啊！"其他小蜜蜂一听也马上围了过去"嗡嗡嗡"地说道："是啊，是啊，真香啊！"

于是小蜜蜂们抛弃了右边经常为它们提供美味花蜜的好邻居花群，完全被左边这群不知道什么时候来到这里的不速之客所吸引，微风吹拂，右边的小花轻轻摇头，仿佛伤心极了。春去秋来，寒冬过后，又到了小蜜蜂们采集花蜜的时节了，它们望着满山遍野鲜艳的花朵开心地到处飞舞，却没有发现曾经的邻居小花已经不见了……

四、外来入侵物种与本土物种的传粉者争夺战

外来物种入侵的主要危害之一，就是争夺本土植物传粉者导致生态系统平衡受到破坏、生物多样性受到威胁，造成本土经济作物的减产或其他经济植物的锐减，从而危害人类健康。对于需要通过异花授粉（一朵花的花粉落到另一朵花的柱头上）的植物来说，花粉的顺利传播是它们能否繁殖与后代诞生的关键，这也成了它们致命的弱点。一些外来入侵物种会通过散发特殊的气味、更具规模性的花粉量，或者更加鲜艳的花色来引诱昆虫（如蜜蜂）、鸟类等动物传粉媒介，其致命的吸引力让本土物种的花粉无"虫"问津。

许多开花植物都是通过动物或昆虫的传粉过程来获得足够的花粉以达到繁殖后代的条件，这一过程不仅直接影响到植物种子的产量，同时还会对植物的遗传变异产生影响，所以，传粉过程可以说是开花植物种群得以长期存在的必要过程[293-297]。一旦传粉过程受到阻碍，开花植物种群将会面临巨大的威胁，甚至遭受灭顶之灾！外来植物的入侵，便有可能通过影响传粉过程的方式，对本土植物的授粉情况以及繁殖能力造成不良影响。

原先，本地的开花植物有专属于自己的一种或多种传粉者，这些传粉者的种群数量维持在能够保证开花植物正常繁衍和生存的水平上。可是在外来植物入侵后，部分原来专属于本地开花植物的传粉者便被外来植物所抢夺，更有甚者还会对传粉者造成毒害作用，导致本土植物所能获得的来自传粉者的服务随之减少[298-299]。

为何一些入侵植物更能够俘获传粉者们的"芳心"？究其原因，入侵植物比本地植物更具有"魅力"。首先，入侵植物的花色可能更为鲜艳，能够在百花争妍中脱颖而出，从而吸引传粉者的眼球，获得传粉者的青睐。其次，入侵植物的

花会产生甜美的气味，吸引着那些贪吃的传粉者。此外，某些入侵植物还是本地植物的"亲戚"，因为存在亲缘关系，它们之间的形态也难免会有相似之处，使得那些专一的传粉者被其"蛊惑"。总而言之，任何由外来入侵引起的传粉者访问率的降低，或传粉者类型、行为的改变，都可能通过影响同种花粉的传播而影响本地物种的种子生产和潜在的种群动态[300]。

1. 外来入侵改变本地植物－传粉者网络

外来入侵物种对传粉者和传粉生态的影响是复杂的，在某些特定生态和生物地理环境下可能十分关键。入侵的外来捕食者可以通过捕食本地传粉者来改变生态系统，引发朝向入侵者主导的传粉系统的转变[301]。例如，在美国夏威夷和日本小笠原群岛上，外来黄蜂和外来蜥蜴作为本地蜜蜂的捕食者，导致了本地蜜蜂灭绝，授粉只能依赖外来蜜蜂，外来植物或外来传粉者物种改变了本地植物－传粉者网络。尽管这种改变程度取决于性状或生态位的重叠，但在高丰度时，外来入侵传粉者可以击败本地传粉者。这里有一个值得注意的例子，巴塔哥尼亚巨型大黄蜂在引入受管控的两个欧洲大黄蜂物种后，从其大部分活动范围中衰退和局部灭绝，以及由于其中一个物种过度访花造成的花柱损伤而导致树莓减产。同时，入侵的外来食草动物可能会间接破坏授粉。另外，对本地植物的另一个潜在风险来自外来植物病原体，可能是与外来植物一起引入并通过昆虫传播的。在海洋岛屿之外的区域根除外来入侵物种很少获得成功，而且通常代价高昂。因此，最有效的政策和解决办法是监督和监管，以防止新的入侵，并在发现后迅速管控，以免造成不可挽回的后果[301-302]。

有学者比较了未受入侵和受到入侵的生态群落，检验两种入侵植物（某种菊和某种仙人掌）如何改变植物－传粉者网络的结构[303]。调查发现，这两种入侵植物物种接受的传粉者访问明显多于任何本地物种，入侵者与传粉者的竞争互动非常激烈。群落中有43%～31%的昆虫类群分别访问了这两种入侵植物，这表明它们在植物–传粉者网络中起着核心作用。菊促进了传粉者对本地物种的访问，而仙人掌则与本地物种竞争传粉者，增加了植物–传粉者网络的嵌套性。该研究表明，将一个新物种引入一个群落会对植物–传粉者网络结构产生重要影响[304]。

2. 豚草入侵与农作物减产

豚草是菊科豚草属一年生草本植物（其形态及花粉特征见前面章节内容）。豚草竞争、占据本地物种生态位的能力强，会导致本地物种生存空间减少[303]，是一种对农业、生态以及人体健康均十分有害的外来恶性杂草。豚草得以成功入侵的原因有很多种，豚草的果实顶端有尖角，能够插入轮胎或者附着在其他物品上随交通工具到达新的环境开始大量繁殖，从而获得竞争优势，或者占据本土植物不能利用的生态位，从而成功入侵。豚草种子不仅可以借助交通工具，还可随流水、鸟类传播，牲畜也可携带其种子传播[303]。我们已经知道，豚草是困扰全球多地花粉症患者的主要变应原之一。但却不知，豚草还能释放多种化感物质，使其入侵区域的昆虫种类显著减少，影响农作物传粉，导致农作物减产甚至绝产[305]。实验证明，在玉米地中，发现每平方米有30～50株豚草时，就会导致玉米减产30%～40%，当豚草数量增加到每平方米50～100株时，玉米几乎是颗粒无收[291]。在大豆田中，每行每米有1.6株豚草时，就会导致大豆产量减少12%[306]。

大部分关于外来入侵物种如何影响本地植物传粉的成功率的研究表明，竞争效应在传粉资源争夺战中占据了主导地位，要么通过降低传粉者访问率的方式，要么通过增加本地植物的异源授粉的方式。但也有学者发现，尽管某些传粉者之间的相互作用是竞争性的，但本土物种的繁殖产量并不总是减少，这意味着本土物种不受花粉限制，它们可以通过其他动物来弥补传粉者损失。另外，外来植物引入的影响也可能会因年份或季节的不同而不同，需要在一定范围内长期进行监测，客观辩证地进行调研和评估[300]。

五、外来物种入侵的防治措施

外来物种入侵对全球生物多样性和生态系统造成了不可估量的损害，面对这样的危急状况，我们不得不采取一系列有效措施，以保障我国的生物多样性安全以及生态系统平衡。要从根本上防治外来入侵物种对本土传粉者的掠夺或威胁，将损失降到最低，就需要通过加强对生物入侵知识的宣传，提高全民对生物入侵危害的认识，建立外来物种入侵的早期预警机制以及跟踪监控体系，采取有效措施，加强对外来入侵物种的综合防治。目前主要的防治措施有以下几种：

1. 物理防治

人工拔除是防止生物入侵后继续扩张的有效手段之一。有关部门可以组织民众开展一些规模性的拔除活动，一定程度上可以控制入侵物种的生长、繁殖和扩张[307]。例如，三裂叶豚草在开花结实前采用人工拔除方式可达显著效果，也不污染环境，但人工拔除方法非常耗时耗力，无法大力推广。

2. 植被替代

植被替代一般是指在拔除或控制外来入侵植物的情况下，可以尽快种植一些其他物种来代替入侵植物空出的生态位。例如，种植一些优质的牧草，可以较好地防治入侵植物[306]。通过密植牧草对紫茎泽兰的生长有明显的抑制作用，能够有效防治紫茎泽兰的进一步扩张[308]。

3. 化学防治

化学防治是通过喷打一些低毒高效的农药或除草剂来灭除有害入侵物种的方法，但在使用化学农药防除的同时，也会对本地物种甚至人类健康造成伤害，且费用较高。例如，使用苯达松、克芜踪、草甘膦等可有效控制豚草生长；农民乐水溶性粒剂和草甘膦水剂混合兑水后的药液可有效地消杀假高粱[309]。

4. 生物防治

生物防治是指从外来有害生物的原产地引进食性专一的天敌将有害生物的种群密度控制在生态和经济的危害水平之下[310]。相较于其他防治手段，生物防治更具优势。例如，一些外来生物侵入农田之后广泛分布，采用物理拔除耗时耗力，采用化学防治会造成环境污染，生物防治快捷、安全、有效，在此情况下尤为重要[307]。例如，引入原产南美的专食性天敌昆虫莲草直胸跳甲防治水生型空心莲子草蔓延；引入豚草卷蛾和豚草条纹叶甲这两种豚草的天敌，对豚草进行防治并阻止其扩散蔓延[305]。

结语： 大多数外来入侵物种都具有入侵性，对入侵地的生态系统、环境、生物多样性、农林等经济产业造成不同程度的威胁，严重时能够引发生态系统的破坏、生物多样性的丧失，甚至是物种灭绝，造成不可挽回的经济损失。因此，对外来入侵的监测要始终绷紧神经，不能松懈，对于入侵物种要加强科学防治措施，不仅要评判其景观效果以及经济利益，更要注重尽早研判其入侵风险，对生态平衡以及物种多样性的影响。引种植物要遵循当地生态环境规律，尽可能选种本土植物，合理种植，在确保生态安全的前提下，再考虑景观效果和经济利益，维护生态文明[310-311]。同时，评估外来入侵对本土植物-传粉者网络结构改变的影响不可忽略，应该受到重点关注。关于全世界传粉者的地位和保护传粉者的措施，存在着大量的知识空白，目前研究很大程度上仅限于局部范围的短期影响，并且偏向欧洲和北美，我们需要对传粉者和传粉服务进行长期、广泛的监测[312]。外来入侵是全人类面临的共同难题，所以在解决外来入侵的问题上，各国之间需要加强国际合作，资源共享，共同寻求解决问题的办法。

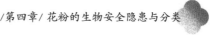

参考文献

[1] 李爱林, 余咏梅, 徐学梅, 等. 昆明地区致敏花粉的调查分析 [J]. 云南医药, 2017(1): 71-74.

[2] 宋岚. 花粉调查在花粉症防治中的必要性 [J]. 现代预防医学, 2013, 40(2): 370-371+375.

[3] 关凯, 王良录. 从花粉症看过敏性疾病的整体诊疗策略 [J]. 山东大学耳鼻喉眼学报, 2019(1): 13-19.

[4] 叶世泰, 张金谈, 乔秉善, 等. 1988. 中国气传和致敏花粉 [M]. 北京: 科学出版社, 1-5.

[5] Burr ML. Grass pollen: trends and predictions [J]. Clinical & Experimental Allergy, 1999, 29(6): 735-738.

[6] Vrtala S, Fischer S, Grote M, et al. Molecular, immunological, and structural characterization of Phl p 6, a major allergen and P-particle-associated protein from Timothy grass (*Phleum pratense*) pollen [J]. Journal of immunology (Baltimore, Md.: 1950), 1999, 163(10): 5489-5496.

[7] D'Amato G, Spieksma FT, Liccardi G, et al. Pollen-related allergy in Europe [J]. Allergy, 1998, 53(6): 567-578.

[8] 戴丽萍, 陆晨. 春季花粉及其观测技术 [J]. 气象, 2001(12): 49-52.

[9] 杨琼梁, 欧阳婷, 颜红, 等. 花粉过敏的研究进展 [J]. 中国农学通报, 2015(24): 163-167.

[10] 白玉荣, 刘彬贤, 段丽瑶, 等. 花粉过敏性疾病预报初探 [J]. 环境与健康杂志, 2009(3): 229-232.

[11] 汪永华. 花粉过敏与城市绿化植物设计 [J]. 中国城市林业, 2005(3): 53-55.

[12] 刘志华. 花粉过敏的原因、预防和治疗 [J]. 生物学教学, 2013(1): 52-53.

[13] 魏庆宇. 花粉症的诊治及预防 [J]. 中国实用内科杂志, 2012(2): 89-91.

［14］白玉荣，刘爱霞，孙枚玲，等．花粉污染对人体健康的影响［J］．安徽农业科学，2009(5): 2220-2222.

［15］乔秉善，李美琏．花粉及花粉过敏［J］．中级医刊，1979(9): 49-51.

［16］曾小丽．春天的烦恼，花粉过敏怎么办［J］．科学大观园，2018(6): 36-37.

［17］王延群．花粉症跟着春天来［J］．开卷有益－求医问药，2017(3): 63-64.

［18］欧阳昱晖，张罗．花粉过敏的防御和治疗［J］．中国耳鼻咽喉头颈外科，2020, 27(4): 177-179.

［19］刘爱华，兰海燕，唐立伟，等．健康教育对花粉症患者的影响［J］．中国中医药现代远程教育，2010(2): 119.

［20］易明．花粉过敏的预防［J］．东方药膳，2019(4): 67.

［21］孟和宝力高，郭兰英，陈志英，等．过敏性鼻炎的预防［J］．中华保健医学杂志，2010(4): 254, 257.

［22］陈梦瑶，何建勇，刘平．花粉防护提示［J］．绿化与生活，2020(3): 57-58.

［23］日本制药企业开发的新花粉症疫苗将迎来最终试验. 2018-03-30. 人民网－日本频道 http://japan.people.com.cn/n1/2018/0330/c35421-29899765.html

［24］范鸣（编译）．花过敏症预防疫苗片剂 Grazax 在德国首次上市［J］．药学进展，2007(3): 142-143.

［25］中华预防医学会．澳研制新型花粉症疫苗［J］．医药世界，2002(4): 57.

［26］肖小军，张慧云，刘晓宇，等．以 PLGA 为佐剂的花粉过敏原疫苗特异性免疫治疗过敏性鼻炎的研究［J］．南昌大学学报：医学版，2015(6): 1-5.

［27］程璇，尹佳．花粉变应原的分离与鉴定［J］．中华临床免疫和变态反应杂志，2007(1): 75-82.

［28］白彩明，裴潇竹，姜敏，等．用于变应原疫苗分析和质控的实验技术［J］．现代生物医学进展，2011(S2): 5182-5186, 5137.

［29］程晟，余咏梅，阮标．中国主要城市气传花粉植物种类与分布［J］．中华临床免疫和变态反应杂志，2015(2): 136-141.

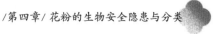

［30］李全生，江盛学，李欣泽，等．中国气传致敏花粉的季节和地理播散规律 [J]．解放军医学杂志，2017(11): 951−955.

［31］D'Amato G, Maesano I A, Molino A, et al. Thunderstorm−related Asthma Attacks [J]. Allergy and Clinical Immunology, 2017, 139(6): 1786−1787.

［32］应璐珺．春季谨防花粉过敏 [J]．今日科技，2009(3): 53−55.

［33］李明华．花粉过敏的诊断和治疗 [J]．中国临床医生杂志，2008(12): 10−12.

［34］刘淑梅，康雯洁．脱敏治疗花粉症影响因素分析 [J]．中国社区医师，2017(6): 35.

［35］梁婧姝．花粉飘散期到来 北京专家支招如何防治花粉症 [N]．呼和浩特日报（汉），2021−7−30(002).

［36］刘玲艳．花粉症：饮食也可"脱敏"[J]．医食参考，2016(4): 11.

［37］高璎璎．香蕉或可缓解花粉过敏症状 [J]．老同志之友：上半月，2011(4): 55.

［38］刘忠海（译）．用蜂蜜治疗花粉热 [J]．中国养蜂，1993(4): 44.

［39］赵国英．蜂蜜治疗花粉过敏 [J]．蜜蜂杂志，2014(9): 34.

［40］欣喜．喝酸奶可缓解过敏性鼻炎症状 [J]．健身科学，2007(3): 42.

［41］Camacho IC. Airborne pollen in Funchal city, (Madeira Island, Portugal)−First pollinic calendar and allergic risk assessment [J]. Annals of Agricultural and Environmental Medicine, 2015, 22(4): 608−613.

［42］Weryszko−Chmielewska E, Piotrowska K. Airborne pollen calendar of Lublin, Poland [J]. Annals of agricultural and environmental medicine: AAEM, 2004, 11(1): 91−97.

［43］Katotomichelakis M, Nikolaidis C, Makris M, et al. The clinical significance of the pollen calendar of the Western Thrace/northeast Greece region in allergic rhinitis [J]. International Forum of Allergy & Rhinology, 2015, 5(12): 1156−1163.

［44］Martínez−Bracero M, Alcázar P, Díaz de la Guardia C, et al. Pollen calendars: a guide to common airborne pollen in Andalusia [J]. Aerobiologia, 2015, 31(4): 549−557.

［45］杨颖，王成，郄光发，等．城市植源性污染及其对人的影响 [J]．林业科学，2008(4): 151−155.

［46］李永祥，王磊. 城市植物景观中的植物附属污染现象探析 [J]. 浙江农业科学，2012(8): 1188-1190.

［47］方寅. 警钟：注意植物污染 [J]. 江苏林业科技，1988(4): 50-54.

［48］辛嘉楠，欧阳志云，郑华，等. 城市中的花粉致敏植物及其影响因素 [J]. 生态学报，2007(9): 3820-3827.

［49］吴晓蔓，黄妩姣. 艾蒿花粉与豚草花粉的抗原成分分析 [J]. 广东医学，2004(10): 1136-1138.

［50］邵洁，罗海燕，A Purohit，等. 桦树花粉相关的食物过敏综合征一例 [J]. 中华儿科杂志，2005(2): 149-150.

［51］Kondo Y, Tokuda R, Urisu A, et al. Assessment of cross-reactivity between Japanese cedar (Cryptomeria japonica) pollen and tomato fruit extracts by RAST inhibition and immunoblot inhibition [J]. Clinical and experimental allergy: journal of the British Society for Allergy and Clinical Immunology, 2002, 32(4): 590-594.

［52］王成. 城市花粉、飞絮飞毛等植源性污染特征及其防治 [J]. 中国城市林业，2018(1): 1-6.

［53］秦玲，刘丽丽. 园林绿化设计对花粉过敏的影响分析 [J]. 城市建筑，2019(18): 141-142, 161.

［54］张军，徐新，张增信，等. 2009. 南京市空气中花粉特征及其与气象条件关系 [J]. 气象与环境学报，(5): 67-71.

［55］杨颖. 北京城区树木花粉飘散规律及影响因素研究 [D]. 林业大学，2007: 34-35.

［56］云文丽，刘克利. 城市中花粉致敏植物及其影响因素研究进展 [J]. 内蒙古气象，2008(4): 14-17.

［57］Parnia S, Brown JL, Frew AJ. The role of pollutants in allergic sensitization and the development of asthma [J]. Allergy, 2002, 57(12): 1111-1117.

［58］宗桦，姚鳗卿，吴晓奕. 国内外城市树木孢粉致敏研究进展 [J]. 世界林业研究，2021(3): 38-45.

［59］Farnaz S, Abdol-Reza V, Mojtaba S, et al. Interaction between air pollutants and pollen grains: the role on the rising trend in allergy [J]. Reports of biochemistry & molecular biology, 2018, 6(2): 219-224.

［60］Eckl-Dorna J, Klein B, Reichenauer TG, et al. Exposure of rye (*Secale cereale*) cultivars to elevated ozone levels increases the allergen content in pollen [J]. Journal of Allergy and Clinical Immunology, 2010, 126(6): 1315-1317.

［61］江伟明, 潘睿聪, 罗传秀, 等. 城市空气花粉的研究进展 [J]. 生态科学, 2018(6): 199-208.

［62］郄光发, 杨颖, 王成, 等. 软质与硬质地表对树木花粉日飘散变化的影响 [J]. 生态学报, 2010(15): 3974-3981.

［63］雷启义. 空气中的花粉污染研究 [J]. 贵州师范大学学报: 自然科学版, 1999(2): 106-110.

［64］汪永华. 花粉过敏与园林植物设计 [J]. 风景园林, 2004(54): 29-31.

［65］万遂如. 我国人畜共患病流行的原因与防控对策 [J]. 兽医导刊, 2017（9）: 11-15.

［66］万遂如. 目前动物疫病发生流行的原因与防控对策 [J]. 兽医导刊, 2015（7）: 29-33.

［67］李朝品, 陈延. 微生物与免疫学 (案例版) [M]. 北京: 科学出版社, 2017: 171.

［68］唐标, 罗怡, 李锐, 等. 蜂花粉微生物污染及菌群结构分析 [J]. 食品科学, 2020(20): 325-331.

［69］王霓, 李晓华, 笪海玲, 等. 蜂花粉食用安全性研究综述 [J]. 中国蜂业, 2012(Z4): 78-82.

［70］朱金明. 论蜂花粉与血管病变 [J]. 蜜蜂杂志, 2005(4): 11-12.

［71］Guo J, Wu J, Chen Y, et al. Characterization of gut bacteria at different developmental stages of Asian honey bees, Apis cerana [J]. Journal of invertebrate pathology, 2015, 127: 110-114.

［72］史天洁, 李淑芳, 左绍远. 蜂花粉多糖生物活性研究进展 [J]. 安徽农学通报, 2020(14): 30-31+56.

［73］张锦锦，王倩，张颖，等．蜂花粉生物活性研究进展 [J]. 中国蜂业，2020(7): 59−62.

［74］石丽花，杨长军，王桐，等．松花粉功效研究及市场前景分析 [J]. 食品与药品，2018(2): 153−156.

［75］朱巧莎，侯占群，段盛林，等．松花粉的主要活性成分及其功能的研究进展 [J]. 食品研究与开发，2019(9): 194−198.

［76］谢园园，秦松，石丽花，等．藻蓝蛋白和松花粉的复合物对肠道微生物的影响 [J]. 食品研究与开发，2018(19): 170−175.

［77］于小磊，马春宇，郭雪松，等．小麦花粉多糖对微生物的抑制作用研究 [J]. 中国农学通报，2013(24): 197−206.

［78］唐标，罗怡，李锐，等．蜂花粉微生物污染及菌群结构分析 [J]. 食品科学，2020(20): 325−331.

［79］何文兰，何家泌．种籽和花粉传播植物病毒状况及存在问题 [J]. 福建农业大学学报，1995(4): 426−430.

［80］Petrzik K, Špak J, Nebesářová J, et al. 1996. The effect of virus infection on morphology and protein components of pollen grains [J]. Biologia plantarum, 38(3): 445−450.

［81］王少先，刘保国，郭秀璞，等．病毒对番茄花药中游离脯氨酸含量及花粉萌发率的影响 [J]. 河南科技大学学报，1998(3): 14−16.

［82］Harth JE, Winsor JA, Weakland DR, et al. Effects of virus infection on pollen production and pollen performance: Implications for the spread of resistance alleles [J]. American journal of botany, 2016, 103(3): 577−583.

［83］任海燕，弓桂花，王永康，等．植物胚败育相关基因研究进展 [J]. 中国农学通报，2019(27): 137−141.

［84］暴会会，王少坤，尹竹君，等．番茄花粉败育型雄性不育研究进展 [J]. 江西农业学报，2019(5): 33−40.

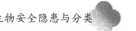

［85］万涛，卢洁，平美广. 植物胚胎败育原因的解剖学研究进展 [J]. 景德镇高专学报，2007(4): 11-12, 17.

［86］徐小健，李波，刘思言，等. 抽穗期高温胁迫对水稻开花习性及结实率的影响 [J]. 杂交水稻，2014, 29(2): 57-62.

［87］兰旭，朱诚. 高温热害对水稻花期花药及花粉粒性状的影响 [J]. 现代食品，2017(18): 93-95.

［88］薛志强. 西瓜 (Citrullus lanatus) 种质材料 F_{011} 少籽机理研究 [D]. 西北农林科技大学，2007.

［89］顾玉红，秦立者，李保国，等. 苹果授粉特性研究进展 [J]. 河北林果研究，2002(1): 80-87.

［90］杨磊. 新疆野苹果生殖生物学特性研究 [D]. 新疆农业大学，2008.

［91］柴梦颖. 梨不同品种授粉坐果率及其与内源激素的关系研究 [D]. 南京农业大学，2005.

［92］梁春莉. 枣胚败育研究 [D]. 河北农业大学，2005.

［93］薛存民. 西瓜生产常见问题分析及对策 [J]. 吉林蔬菜，2018(7): 26.

［94］核桃树授粉受精不良引起落花落果的防治办法 [J]. 农家之友，2017(8): 56.

［95］张涛，吴云锋，曹瑛，等. 李属坏死环斑病毒病研究进展 [J]. 北方果树，2012(1): 1-3.

［96］王海光，马占鸿. 玉米花粉传播 SCMV 的遗传学鉴定 [J]. 作物杂志，2003(5): 11-12.

［97］刘小林，孟祥志. 花与生物传粉者适应机制综述 [J]. 生物学教学，2019(1): 62-64.

［98］天目山. 甲虫是如何传播花粉的 [J]. 中学生：青春悦读，2006(7): 43.

［99］张树义. 协同进化（二）—传授花粉与传播种子 [J]. 生物学通报，1996(12): 25-26.

［100］胡其峰. 能感染蜜蜂的植物病毒被发现 [Z]. 光明日报，2014.

［101］段荣蕾，侯光良，魏海成，等. 青藏高原东部高寒草甸区放牧家畜粪花粉组合特征及其环境指示意义 [J]. 干旱区地理，2021(1): 229-239.

［102］Zhang YP, Zhao KL, Zhou XY, et al. A study of pollen and fungal spores extracted from the feces of common domestic herbivores in China and their implications for human behavior [J]. Acta Anthropologica Sinica, 2020, 39(e): 337−346.

［103］Hoogeveen MJ. Pollen likely seasonal factor in inhibiting flu−like epidemics. A Dutch study into the inverse relation between pollen counts, hay fever and flu−like incidence 2016−2019 [J]. Science of the Total Environment, 2020, 727: 138543.

［104］Hoogeveen MJ, van Gorp ECM, Hoogeveen EK. Can pollen explain the seasonality of flu−like illnesses in the Netherlands? [J]. Science of the Total Environment, 2020, 755: 143182.

［105］Dunker S, Hornick T, Szczepankiewicz G, et al. No SARS−CoV−2 detected in air samples (pollen and particulate matter) in Leipzig during the first spread [J]. Science of the Total Environment, 2020, 755: 142881.

［106］周旭峰，盖新娜. 玉米花粉多糖对猪瘟疫苗免疫效果的初步观察 [J]. 中国兽医杂志, 1997(3): 9−10.

［107］陆芹章，温纳相，罗廷荣，等. 玉米花粉多糖对猪瘟免疫效果的研究 [J]. 广西农业生物科学, 2001(1): 21−26.

［108］申亚梅，钱超，范义荣，等. 12 种 (包括 3 品种) 木兰属植物花粉形态学研究 [J]. 浙江农林大学学报, 2012(3): 394−400.

［109］章定生，张茂祥，朱含璋. 不同萃取破壁工艺对花粉制剂疗效影响的临床研究 [J]. 蜜蜂杂志, 1996(7): 5−8.

［110］张清慎. 蜂花粉及其制剂的研究进展 [J]. 药学情报通讯, 1988(1): 25−26.

［111］李建萍，张小燕. 蜂花粉的营养价值及其花粉饮料的开发 [J]. 食品研究与开发, 2003(1): 65−66.

［112］闫怀中. 花粉运动饮料配方研究 [J]. 现代农业科技, 2012(17): 279−280.

［113］孔瑾，赵功玲，宋照军，等. 花粉运动休闲饮料的研制 [J]. 河南科技学院学报, 2009(1): 66−69.

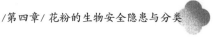

[114] 励建荣, 李力. 花粉常温常压条件下提取方法的研究和花粉运动饮补的研制 [J]. 食品与发酵工业, 1993(6): 41−44.

[115] 黄文诚. 茶花粉的营养成分 [J]. 畜牧兽医科技信息, 2001(9): 10.

[116] 李晋玲. 茶花氨基酸和蛋白质含量测定及研究 [J]. 茶业通报, 2003(2): 61.

[117] 吕文英, 吕品. 葵花粉和茶花粉中 8 种无机元素含量 [J]. 微量元素与健康研究, 2003(2): 35−36.

[118] 何余堂, 杜金艳, 赵丽红. 玉米花粉保健饮料的工艺优化 [J]. 食品研究与开发, 2008(1): 112−114.

[119] 高阳, 王勇, 李姝睿. 玉米花粉的营养价值及其应用 [J]. 中国食物与营养, 2004(11): 27.

[120] 杜红霞, 陈子雷, 王文博, 等. 苦瓜、玉米花粉、芹菜保健饮料的生产工艺 [J]. 食品研究与开发, 2008(1): 96−98.

[121] 范国才. 中国松属 (*Pinus*) 植物花粉的利用研究 [J]. 云南林业科技, 1997(1): 45−52.

[122] 邱坚. 云南松松花粉饮料的研制 [J]. 西南林学院学报, 2002(3): 57−59.

[123] 梁瑞铎, 李丽红, 李倩, 等. 松花粉饮料的加工工艺研究 [J]. 饮料工业, 2014(5): 11−18.

[124] 刘敏, 谭书明. 刺梨−松花粉复合饮料的稳定性研究 [J]. 山地农业生物学报, 2017(4): 43−48.

[125] 赵辰路. 荞麦−松花粉复合营养格瓦斯饮料的研究及开发 [D]. 贵州大学, 2015(1).

[126] 袁德雨. 2020. 自制蜂花粉饮料 [J]. 中国蜂业, 71(9): 31.

[127] 姚海春, 姚京辉, 陈云. 蜂花粉复方常用制剂临床应用集锦 [J]. 中国蜂业, 2015(9): 45−46.

[128] 邵飞, 谭勇, 林德祥, 等. 蜂花粉低聚木糖软胶囊润肠通便作用的研究 [J]. 蜜蜂杂志, 2020(7): 19−21.

[129] 韩金虎. 花粉胶囊治疗慢性前列腺炎 [J]. 甘肃中医, 2009(2): 65.

［130］刘晓倩，闫军堂，马春雷，等．肾间质纤维化中医病因病机的认识探讨 [J]. 辽宁中
医杂志，2011(12): 2373−2376.

［131］Takeshi N, Reiji I, Hachiro I, et al. 2002. Scavenging capacities of pollen extracts
from cistus ladaniferus on autoxidation, superoxide radicals, hydroxyl radicals, and
DPPH radicals [J]. Nutrition Research, 22(4): 519−526.

［132］刘德泉，孙晓静．高血脂的非药物疗法 [J]. 河北医药，2011(19): 2991−2994.

［133］曹政，张爱华．治疗高血脂症方法的探讨 [J]. 医学信息，2008(11): 2084−2086.

［134］黄静，王升贵，胡水保，等．循证医学在验证安体邦软胶囊中马尾松松花粉降血
脂功效的应用 [J]. 安徽农业科学，2013(14): 6218−6219+6258.

［135］陈德芳．仿生破壁花粉素配伍射香 207 协同抗癌药物作用的研究 [J]. 养蜂科技，
1996(3): 7−8.

［136］傅蕙英，许金林．花粉制剂治疗冻伤 72 例 [J]. 中医杂志，1994(9): 540.

［137］Paunov VN, Mackenzie G, Stoyanov SD. Sporopollenin micro−reactors for in situ
preparation, encapsulation and targeted delivery of active components [J]. Journal of
Materials Chemistry, 2007, 17(7): 609−612.

［138］Lale SV, Gill HS. Pollen grains as a novel microcarrier for oral delivery of proteins [J].
International Journal of Pharmaceutics, 2018, 552(1−2): 352−359.

［139］Diego−Taboada A, Beckett S, Atkin S, et al. Hollow Pollen Shells to Enhance Drug
Delivery [J]. Pharmaceutics, 2014, 6(1): 80−96.

［140］Park JH, Seo J, Jackman JA, et al. Inflated Sporopollenin Exine Capsules Obtained
from Thin−Walled Pollen [J]. Scientific Reports, 2016, 6(1): 28017.

［141］Brooks J, Shaw G. Chemical structure of the exine of pollen walls and a new function
for carotenoids in nature [J]. Nature, 1968, 219(5153): 532−533.

［142］Gill H. Transforming pollen grains from an allergy causing material into a biomaterial
for oral vaccination [J]. The Southwest Respiratory and Critical Care Chronicles,
2019, 7(27): 4−6.

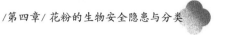

［143］Adamson R, Gregson S, Shaw G. New applications of sporopollenin as a solid phase support for peptide–synthesis and the use of sonic agitation [J]. International journal of peptide and protein research, 1983, 22(5): 560–564.

［144］Mackenzie G, Shaw G. Sporopollenin. A novel, naturally occurring support for solid phase peptide synthesis [J]. International Journal of Peptide and Protein Research, 1980, 15(3): 298–300.

［145］Shaw G, Sykes M, Humble RW, et al. The use of modified sporopollenin from Lycopodium clavatum as a novel ion–or ligand–exchange medium [J]. Reactive Polymers, Ion Exchangers, Sorbents, 1988, 9(2): 211–217.

［146］Diego–Taboada A, Cousson P, Raynaud E, et al. Sequestration of edible oil from emulsions using new single and double layered microcapsules from plant spores [J]. Journal of Materials Chemistry, 2012, 22(19): 9767–9773.

［147］Diego–Taboada A, Maillet L, Banoub JH, et al. Protein free microcapsules obtained from plant spores as a model for drug delivery: ibuprofen encapsulation, release and taste masking [J]. Journal of materials chemistry B, 2013, 1(5): 707–713.

［148］冯成汉. 儿童不宜滥用花粉制剂 [J]. 中国医院药学杂志, 1990(12): 44–45.

［149］王秀玲. 花粉的食用·药用价值及开发前景 [J]. 安徽农业科学, 2007(20): 6233–6234.

［150］Belitz HD, Grosch W, Schieberle P. Food Chemistry [M]. Berlin (Germany): Springer. 2004.

［151］张婷婷, 常萍, 侯远鑫, 等. 蜂蜜的历史沿革与现代应用 [J]. 中国中医药现代远程教育, 2010(11): 264–265.

［152］殷光熹. 楚辞论丛 [M]. 成都: 巴蜀书社, 2008: 48.

［153］刘衡如, 刘山永, 钱超尘, 等.《本草纲目》研究 [M]. 北京: 华夏出版社, 2009: 138.

［154］Pohl P. Determination of metal content in honey by atomic absorption and emission spectrometries [J]. Trends in Analytical Chemistry, 2009, 28(1): 117–128.

［155］Al-Waili NS, Salom K, Butler G, et al. Honey and microbial infections: a review supporting the use of honey for microbial control [J]. Journal of Medicinal Food, 2011, 14(10): 1079-1096.

［156］Al-Walili NS, Salom K, Al-Ghamdi AA. Honey for wound healing, ulcers, and burns; data supporting its use in clinical practice [J]. The Scientific World Journal, 2011, 11: 766-787.

［157］Shenoy VP, Ballal M, Shivananda PG, et al. Honey as an antimicrobial agent against pseudomonas aeruginosa isolated from infected wounds [J]. Journal of Global Infectious Diseases, 2012, 4(2): 102.

［158］Ahmed S, Othman NH. Honey as a potential natural anticancer agent: a review of its mechanisms [J]. Evidence-Based Complementary and Alternative Medicine, 2013: 829070.

［159］Othman NH. Honey and cancer: sustainable inverse relationship particularly for developing nations:a review [J]. Evidence-Based Complementary and Alternative Medicine, 2012: 410406.

［160］舒璞, 胡李娟. 浅谈我国蜜源植物与有毒蜜源植物 [J]. 第十二届全国花粉资源开发与利用研讨会, 2012: 185-188.

［161］姚海春, 姚京辉, 陈云. 蜂蜜中毒机理及防治原则 [J]. 蜜蜂杂志, 2012, 32(12): 34-36.

［162］任再金. 药用植物蜜源简介 [J]. 蜜蜂杂志, 1998, 4(9): 26.

［163］曹有龙, 贾勇炯, 罗青, 等. 宁夏枸杞花粉形态的扫描电镜观察 [J]. 宁夏大学学报: 自然科学版, 1997(1): 71-74.

［164］张惠玲. 枸杞的综合开发与利用 [J]. 食品研究与开发, 2012(2): 223-227.

［165］陈菲. 枸杞花粉多糖对前列腺癌细胞 PI3K/AKT 信号通路的作用研究 [D]. 宁夏医科大学, 2019(9).

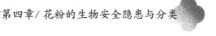

［166］李萍，濮祖茂，徐珞珊，等. 中国贝母属花粉形态的研究 [J]. 云南植物研究，1991(1): 41-46, 113-115.

［167］蒋欣杭，梁君玲，李建伟，等. 浙贝母花及花粉中 8 种 E 族维生素的高效液相色谱—荧光分析 [J]. 安徽农业科学，2011(14): 8319-8321.

［168］牛犇. 贝母花中生物碱提取分离纯化及其功效评价 [D]. 浙江万里学院，2015(3).

［169］国家药典委员会. 中华人民共和国药典：2020 年版一部 [S]. 北京：中国医药科技出版社，2020.

［170］王晨宇，刘秀丽. 13 种玉兰亚属植物的花粉形态扫描电镜观察 [J]. 东北林业大学学报，2017(11): 54-59.

［171］王甜甜，曹赟，蒋运斌，等. 中药辛夷研究进展 [J]. 亚太传统医药，2017(18): 74-78.

［172］晁志，周秀佳. 9 种益母草属植物的花粉粒形态 [J]. 植物科学学报，2000(3): 181-183.

［173］徐静. 益母草的药用功能辨析 [J]. 中国卫生产业，2011(1Z): 95.

［174］阮金兰，杜俊荣，曾庆忠，等. 益母草的化学、药理和临床研究进展 [J]. 中草药，2003(11): 15-19.

［175］陆源芬，崔星明，阚志峰，等. 新疆甘草属植物花粉形态研究 [J]. 石河子农学院学报，1991(1): 19-23.

［176］姜雪，孙森凤，王悦，等. 甘草药理作用研究进展 [J]. 化工时刊，2017(7): 25-28.

［177］刘萍. 甘草功效和临床用量的本草考证 [J]. 中华中医药杂志，2020(1): 73-77.

［178］李冀，李想，曹明明，等. 甘草药理作用及药对配伍比例研究进展 [J]. 上海中医药杂志，2019(7): 83-87.

［179］朱光怡，朱丹，吴国军. 黑龙江三个产地红花花粉粒的形态学研究 [J]. 湖北畜牧兽医，2013(8): 16-17.

［180］国家药典委员会. 中华人民共和国药典. 一部 [S]. 北京：中国医药科技出版社，2015: 40-41.

［181］王建，张冰.临床中药学 [M].北京：人民卫生出版社，2016: 175.

［182］Yao D, Wang Z, Miao L, et al. Effects of extracts and isolated compounds from safflower on some index of promoting blood circulation and regulating menstruation [J]. Journal of ethnopharmacology, 2016, 191: 264−272.

［183］黄斌.甘肃省有毒蜜源植物简介 [J].中国蜂业，2019(8): 45−47.

［184］Tan K, Guo YH, Nicolson SW, et al. Honeybee (Apis cerana) foraging responses to the toxic honey of Tripterygium hypoglaucum (Celastraceae): changing threshold of nectar acceptability [J]. Journal of chemical ecology, 2007, 33(12): 2209−2217.

［185］郭艳红，谭垦.东方蜜蜂对昆明山海棠有毒蜜的识别行为研究 [J].蜜蜂杂志，2008(2): 7−8.

［186］郑亚杰，刘秀斌，彭晓英，等.我国有毒蜜源植物及毒性 [J].蜜蜂杂志，2019(2): 1−8.

［187］图力古尔，包海鹰，张恕茗，等.乌头属植物花粉形态及其分类学意义 [J].吉林农业大学学报，1997(1): 61−64.

［188］Saisho K, Toyoda M, Takagi K, et al. Identification of aconitine in raw honey that caused food poisoning [J]. Food Hygiene and Safety Science (Shokuhin Eiseigaku Zasshi), 1994, 35(1): 46−50.

［189］刘炳仑.我国 14 种有毒蜜源植物及其花粉形态（一）[J].蜜蜂杂志，1995(2): 24−25.

［190］刘帅，李妍，李卫飞，等.乌头类中药毒性及现代毒理学研究进展 [J].中草药，2016(22): 4095−4102.

［191］佟乌云，韦东欣，莫日根.毛茛 (Ranunculus japonicus) 花粉形态种内多态性及其进化 [J].内蒙古农业大学学报：自然科学版，2000(4): 40−45.

［192］国家中医药管理局.1999.中华本草 [M].上海：上海科学技术出版社.

［193］程薪宇.中国毛茛科植物形态结构的系统学价值 [D].哈尔滨师范大学，2015(6).

［194］Weber M, Ulrich S. PalDat 3.0−second revision of the database, including a free online publication tool [J]. Grana, 2017, 56(4): 257−262.

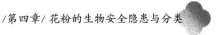

[195] 黄振艳，梁秀梅，王伟共，等.呼伦贝尔草地主要有毒植物及其开发利用 [J].中国野生植物资源，2008(3): 21-24.

[196] 胡兆勇，赵汝能.乌头属花粉的扫描电镜观察 [J].兰州医学院学报，1988(1): 5-10.

[197] 王锋，唐秋玲，马晓黎，等.铁线莲属植物的化学成分研究进展 [J].中国野生植物资源，2009(6): 1-6.

[198] 李林.河南罂粟科植物叶表皮微形态、花粉形态及地理分布研究 [D].河南农业大学，2013(4).

[199] 刘志敏.罂粟壳临床毒副反应分析 [J].时珍国医国药，1998(6): 88.

[200] 姚海春，姚京辉，陈云.有毒蜜粉源植物的人蜂中毒机理及防治 [J].蜜蜂杂志，2011(4): 38-40.

[201] Qing ZX, Cheng P, Liu XB, et al. Structural speculation and identification of alkaloids in *Macleaya cordata* fruits by high-performance liquid chromatography/ quadrupole-time-of-flight mass spectrometry combined with a screening procedure [J]. Rapid Communications in Mass Spectrometry, 2014, 28(9): 1033-1044.

[202] 江龙.博落回注射液的安全性评价及药效学研究 [D].湖南农业大学，2016(8).

[203] 张德雨，朱建华，赵伟志，等.大鼠博落回总碱中毒心肌细胞凋亡的研究 [J].法医学杂志，2006(5): 330-332.

[204] 吴茂旺，朱建华，陈阳，等.急性博落回中毒的实验病理学研究 [J].中国法医学杂志，2002(4): 221-224.

[205] Halbritter H. Preparing living pollen material for scanning electron microscopy using 2, 2-dimethoxypropane (DMP) and critical-point drying [J]. Biotechnic & Histochemistry, 1998, 73(3): 137-143.

[206] 朱佩红，李艳艳，肖艳华，等.血水草化学成分的研究 [J].中成药，2017(5): 980-983.

[207] 张艳，杜方麓.血水草的研究进展 [J].时珍国医国药，2005(3): 236-237.

［208］刘炳仑.我国罂粟科 Papaveraceae 植物的花粉形态 [J]. 植物研究，1984, 4(4): 61-81.

［209］朱海涛，王彦祥，陈黎，等.人血七药材的生药学鉴别 [J]. 华西药学杂志，2010(2): 138-140.

［210］郭艳红，谭垦.雷公藤的毒性及其研究概况 [J]. 中药材，2007(1): 112-117.

［211］薛璟，贾晓斌，谭晓斌，等.雷公藤化学成分及其毒性研究进展 [J]. 中华中医药杂志，2010(5): 726-733.

［212］赵德义，常建华，杨韵娜，等.苦皮藤根皮化学成分的研究 [J]. 西北大学学报：自然科学版，1987(4): 118-121.

［213］张鹏，杨颖，奚如春，等.高州油茶花粉形态及其贮藏特征 [J]. 林业科学研究，2019(1): 90-96.

［214］莫清莲，王缙，戴铭，等.恭城油茶的药用价值探析 [J]. 中国民族民间医药，2018(24): 11-14.

［215］贵州铜仁粮科所.关于油茶饼去毒的研究 [J]. 油脂科技，1982(2): 24-33.

［216］Feng QY, Song N, Huang HX, et al. Progress in medicinal research of camelia oil [J]. Chinese Journal of Experimental Traditional Medical Formulae, 2016, 22: 215-220.

［217］段彦，周炎辉，李顺祥，等.油茶化学成分及其抗菌抗炎活性的研究进展 [J]. 天然产物研究与开发，2021(09): 1603-1615.

［218］刘炳仑.我国 14 种有毒蜜源植物及其花粉形态 (二)[J]. 蜜蜂杂志，1995(3): 23-25.

［219］南京中医药大学.中药大辞典 (上册) [M]. 第 2 版.上海：上海科学技术出版社，2005.

［220］徐娇.月腺大戟的化学成分及抗痛风活性研究 [D]. 华侨大学，2014(2).

［221］居学海，崔日希，陈鸣岳，等.月腺大戟水提物对小鼠的毒性作用 [J]. 山东大学学报：医学版，2007(1): 62-64, 67.

［222］江苏新医学院.中药大辞典 [M]. 上海：上海人民出版社，1977.

［223］Li SY. Taxonony of *Camptotheca* Decaisne[J]. Pharmaceutical Crops, 5(Suppl2: M2):2014: 89−99.

［224］李星 . 2004. 喜树的分布现状、药用价值及发展前景 [J]. 陕西师范大学学报，自然科学版，(S2): 169−173.

［225］高巨星，曹光荣，段得贤，等 . 喜树叶主要有毒成分及其对奶山羊毒性的研究 [J]. 西北农林科技大学学报：自然科学版，1990(1): 35−41.

［226］翟科峰，王青遥，叶竹青，等 . 八角枫化学成分的系统定性研究 [J]. 时珍国医国药，2012(2): 295−296.

［227］张译敏，廖秀玲，王雪妮，等 . 八角枫药理和毒理作用的研究现状 [J]. 中国临床药理学杂志，2019(19): 2476−2478, 2482.

［228］张欢平 . 羊踯躅根化学成分和药理活性研究 [D]. 北京协和医学院，2020(5).

［229］周亚平，陈小松，陈棍 . 抚州地区野生蜜源植物及其开发利用 [J]. 抚州师专学报，1999(1): 59−67.

［230］李艳平 . 三种药用植物的化学成分和生物活性研究 [D]. 昆明理工大学，2013(7).

［231］中国药材公司 . 中国中药资源志要 [M]. 北京：科学出版社，1994: 44.

［232］Lu L, Fritsch PW, Wang H, et al. Pollen morphology of *Gaultheria* L. and related genera of subfamily Vaccinioideae: taxonomic and evolutionary significance. Review of Palaeobotany and Palynology, 2009, 154: 106−123

［233］汤宗孝 . 横断山区主要有毒有害植物 (续)[J]. 四川草原，1986(3): 31−38.

［234］杨新河，吕帮玉，田春元，等 . 珍珠花营养成分的测定 [J]. 安徽农业科学，2008(22): 9601−9602.

［235］杨胜祥 . 金叶子的化学成分研究 [D]. 西北农林科技大学，2007(6).

［236］杨犇，陶靓，李冲 . 醉鱼草属植物化学成分及药理作用研究新进展 [J]. 中国中医药现代远程教育，2009(10): 144−145.

［237］赵雅婷，武淑鹏，胡春丽，等 . 钩吻的化学成分及药理作用研究进展 [J]. 中国实验方剂学杂志，2019(3): 200−210.

［238］李翔. 曼陀罗花药理和毒理学的研究进展 [J]. 现代商贸工业，2019(35): 77−78.

［239］毛午佳，梁祝，周赢，等. 龙葵主要成分的药理作用及临床应用 [J]. 云南化工，2020(10): 150−152.

［240］赵瑜，陆国才，张卫东，等. 藜芦生物碱药理和毒理学研究进展 [J]. 中药新药与临床药理，2008(3): 240−242.

［241］肖海龙，丁泽人，杨志，等. 新疆牧场阿尔泰藜芦的开发利用前景 [J]. 草食家畜，2021(2): 42−49.

［242］王媛媛，田均勉，高锦明. 秦岭马桑根皮化学成分研究 [C]. 中国化学会第十一届全国天然有机化学学术会议论文集，2016.

［243］方国祥，师晶丽，陈坤支，等. 植物类中草药引起的肾损害 [J]. 中国临床医生，2006(12): 10−16.

［244］代岐昌，季宇彬，于淼. 文殊兰全株活性成分及其抗肿瘤作用研究 [J]. 哈尔滨商业大学学报：自然科学版，2015(3): 257−258, 286.

［245］罗伦. 千里光的临床使用情况分析 [J]. 临床医药文献电子杂志，2019(38): 168.

［246］梁爱华，叶祖光. 千里光属植物的毒性研究进展 [J]. 中国中药杂志，2006(2): 93−97.

［247］Gunduz A, Turedi S, Uzun H, et al. Mad honey poisoning [J]. The American journal of emergency medicine, 2006, 24(5): 595−598.

［248］New Zealand Food Safety Authority. Compliance Guide to the Food (Tutin in Honey) Standard [S]. Wellington: New Zealand Food Authority, 2010.

［249］Saisho K, Toyoda M, Takagi K, et al. Identification of aconitine in raw honey that caused food poisoning [J]. Journal of the Food Hygienic Society of Japan, 1994, 35(1): 46−50.

［250］何成文，徐祖荫，周文才，等. 访问当年毒蜜事件幸存者——有毒蜜源植物调查之一 [J]. 蜜蜂杂志，2017(4): 22−23.

［251］赵岳祥，王婷婷，赵琳滟，等. 春季城市中华蜜蜂的食物结构与蜂蜜金属元素含量——以四川省内江市为例 [J]. 四川动物，2020(3): 289−294.

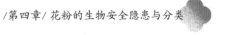

［252］卫生与生活（摘录）.金属器皿不可装蜂蜜 [J].江西食品工业,2003(4): 61.

［253］广西科学技术期刊编辑学会.受金属污染蜂蜜巧识别 [J].广西质量监督导报, 2000(2): 18.

［254］王祥云,刘芯成,章虎,等.商品蜂花粉中农药及多氯联苯残留检测 [J].浙江农业 科学,2014(2): 249-251+255.

［255］赵慧,彭加仙,洪强,等.上海春季大气颗粒物中致敏悬铃木花粉蛋白的分布特 征 [J].上海大学学报(自然科学版),2019(4): 544-549.

［256］龙隆,赵显莉,谭红,等.飘散致敏花粉与大气颗粒物研究进展 [J].环境科学与技 术,2017(12): 112-118.

［257］王华峰."痒"人鼻息的花粉 [J].生命世界,2012(9): 58-63.

［258］吕森林,王青跃,吴明红,等.城区飞散致敏花粉与大气细 / 超细颗粒物的协同 生物效应研究 [J].环境科学,2010(9): 2260-2266.

［259］王春花,于燕明,王泓鸥,等.颗粒物与花粉联合作用对细胞氧化损伤的影响 [J]. 环境与健康杂志,2018(7): 582-584.

［260］荀二娜.植物花部重金属积累对植物繁殖和蜂类传粉者的影响 [D].东北师范大 学,2018(12).

［261］钟钰,周健南,徐宜宏,等.辽宁地区蜜源蜂蜜的 10 种重金属残留含量分析 [J]. 沈阳师范大学学报：自然科学版,2019(3): 240-243.

［262］丁晖,马方舟,吴军,等.关于构建我国外来入侵物种环境危害防控监督管理体 系的思考 [J].生态与农村环境学报,2015(5): 652-657.

［263］何悦.中国外来物种入侵立法建议 [J].中国发展,2009(5): 56-64+82.

［264］陈永忠.生态安全愿景下我国外来入侵物种的防治策略 [J].江西农业,2020(6): 88-89.

［265］邹德萍.生物入侵考验中国生态安全——写给 6·5 世界环境日 [J].政府法制, 2004(11): 20-22.

［266］丁建清，王韧.外来种对中国生物多样性的影响/中国生物多样性国情研究报告 [M].北京：中国环境科学出版社，1998: 58-612.

［267］丁建清.外来生物的入侵机制及其对生态安全的影响 [J].中国农业科技导报，2002(4): 16-20.

［268］沈脂红.水盾草——新入侵的外来物种 [J].植物杂志，2000, 10(1): 109-118.

［269］李博，徐炳声，陈加宽.从上海外来杂草区系剖析植物入侵的一般特征 [J].生物多样性，2001(4): 446-457.

［270］杨期和，叶万辉，邓雄，等.我国外来植物入侵的特点及入侵的危害 [J].生态科学，2002(3): 269-274.

［271］姚成芸，赵华荣，夏北成.我国外来生物入侵现状与生态安全 [J].中山大学学报：自然科学版，2004(S1): 221-224.

［272］韩亚光.新侵入辽宁地区的杂草——野莴苣 [J].沈阳农业大学学报，1995(1): 77-78.

［273］曾庆财，西安，孟玉琴.加强对俄进口检疫　防止外来生物入侵 [J].植物检疫，2002(4): 248-249.

［274］万方浩，郭建英，王德辉.中国外来入侵生物的危害与管理对策 [J].生物多样性，2002(1): 119-125.

［275］蔡燕雯，成新跃，徐汝梅.生物入侵的危害和防治 [J].科学，2007(6): 17-20+4.

［276］刘全儒，余明，周云龙.北京地区外来入侵植物的初步研究 [J].北京师范大学学报：自然科学版，2002(3): 399-404.

［277］韩燕，阿曼古力·马吾提.外来物种入侵对本地生物多样性的影响 [J].新疆畜牧业，2014(12): 52-56.

［278］杨秀娟，张树苗.生物入侵对生物多样性的影响 [J].林业调查规划，2005(1): 36-38.

［279］王献溥.生物入侵的生态威胁及其防除措施 [J].植物杂志，1999(4): 4-5.

［280］Lareen A, Burton F, Schäfer P. Plant root-microbe communication in shaping root microbiomes [J]. Plant Molecular Biology, 2016, 90(6): 575-587.

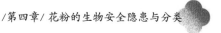

[281] Yang RY, Tang JJ, Chen X, et al. Effects of coexisting plant species on soil microbes and soil enzymes in metal lead contaminated soils [J]. Applied Soil Ecology, 2007, 37(3): 240−246.

[282] 刘羽霞, 许嘉巍, 靳英华, 等. 长白山苔原草本植物入侵与土壤环境的关系 [J]. 生态学报, 2018, 38(4):1235−1244.

[283] Callaway RM, Ridenour WM. Novel weapons:Invasive success and the evolution of increased competitive ability [J]. Frontiers in Ecology and the Environment, 2004, 2(8): 436−443.

[284] M. A. K. Lodhi 1975. Allelopathic effects of hackberry in a bottomland forest community [J]. Journal of Chemical Ecology, 1(2): 171−182.

[285] 韩利红, 冯玉龙. 发育时期对紫茎泽兰化感作用的影响 [J]. 生态学报, 2007(3): 1185−1191.

[286] 王亚麒, 焦玉洁, 陈丹梅, 等. 紫茎泽兰浸提液对牧草种子发芽和幼苗生长的影响 [J]. 草业学报, 2016(2): 150−159.

[287] 宋珍珍, 谭敦炎, 周桂玲. 入侵植物刺苍耳在新疆的分布及其群落特征 [J]. 西北植物学报, 2012(7): 1448−1453.

[288] Muller CH.. Allelopathy as a factor in ecological process [J]. Vegetatio, 1969, 18(1/6): 348−357.

[289] Whittaker RH, Feeny PP. Allelochemicals: chemical interactions between species [J]. Science, 1971, 171(3973): 757−770.

[290] Rice EL. Allelopathy [M]. 2nd ed. New York: Academic Press Inc, 1984.

[291] 张葵. 恶性杂草——豚草 [J]. 生物学通报, 2006(2): 25−26.

[292] 郭传友, 王中生, 方炎明. 外来种入侵与生态安全 [J]. 南京林业大学学报: 自然科学版, 2003(2): 73−78.

[293] Stanton ML, Snow AA, Handel SN. Floral evolution−attractiveness to pollinators increases male fitness [J]. Science, 1986, 232 (4758): 1625−1627.

［294］Burd M. Bateman principle and plant reproduction-the role of pollen limitation in fruit and seed set [J]. The Botanical Review, 1994, 60(1): 83−139.

［295］Corbet SA. Fruit and seed production in relation to pollination and resources in bluebell, Hyacinthoides non−scripta [J]. Oecologia, 1998, 114(3): 349−360.

［296］Larson BM. H, Barrett SC. H. A comparative analysis of pollen limitation in flowering plants [J]. Biological Journal of the Linnean Society, 2000, 69(4): 503−520.

［297］Ashman T−L, Knight TM, Steets JA, et al. Pollen limitation of plant reproduction: ecological and evolutionary causes and consequences [J]. Ecology, 2004, 85(9): 2408−2421.

［298］Chittka L, Schürkens S. Successful invasion of a floralmarket [J]. Nature, 2001, 411: 653.

［299］Brown BJ, Mitchell RJ, Graham SA. Competition for pollination between an invasive species (purple loosestrife) and a native congener [J]. Ecology, 2002, 83(8): 2328−2336.

［300］Bjerkners A−L, Totland Ø, Hegland S J, et al. Do alien plant invasions really affect pollination success in native plant species? [J]. Biological conservation, 2007, 138(1): 1−12.

［301］Potts SG, Imperatriz−Fonseca V, Ngo HT, et al. Safeguarding pollinators and their values to human well−being [J]. Nature, 540(7632): 2016: 220−229.

［302］Traveset A, Richardson DM. Mutualistic interactions and biological invasions [J]. Annual Review of Ecology, Evolution, and Systematics, 2014, 45(1): 89−113.

［303］李建东，殷萍萍，孙备，等. 外来种豚草入侵的过程与机制 [J]. 生态环境学报，2009, 18(4): 1560−1564.

［304］Bartomeus I, Vilà M, Santamaría L. Contrasting effects of invasive plants in plant−pollinator networks [J]. Oecologia, 2008, 155(4): 761−770.

[305] 王列富, 陈元胜. 农业生产中外来物种入侵的危害及防治 [J]. 河南农业科学, 2009(8): 101-104.

[306] 胡冀宁, 孙备, 李建东, 等. 植物竞争及在杂草科学中的应用 [J]. 作物杂志, 2007(2): 12-15.

[307] 马建列, 白海燕. 入侵生物紫茎泽兰的危害及综合防治 [J]. 农业环境与发展, 2004, 21(4): 33-34.

[308] 苏文文. 浅谈生物入侵的现状及其危害与防治 [J]. 农业与技术, 2020(10): 78-80.

[309] 黄胜光, 蔡荣金, 钱学伸, 等. 防城港假高粱发生情况和扑灭措施 [J]. 植物保护, 2001, 27(5): 51-52.

[310] 丁建清, 付卫东. 生物防治利用生物多样性保护生物多样性 [J]. 生物多样性, 1996(4): 38-43.

[311] 闫小玲, 寿海洋, 马金双. 中国外来入侵植物研究现状及存在的问题 [J]. 植物分类与资源学报, 2012(3): 287-313.

[312] Lynn VD, Blandina V, Riccardo B, et al. Ten policies for pollinators-What Governments can do to safeguard pollination services [J]. Science, 2016, 354 (6315): 975-976.

/ 后 记 /

　　花粉，似粉尘般微小，肉眼无法辨识其种类。因它的危害性通常不会带来致命威胁，民众也不能直接感知它的存在，很大程度会忽略它对自身健康的影响。目前，有关花粉与人类健康相关的知识，其民众吸引力也相对较弱，亟待一本综合性强的生物安全读本，向民众辩证性地阐释花粉与人类生活的关系，并促进民众对花粉的生物安全进行客观评价。2021年，联合国《生物多样性公约》第十五次缔约方大会（COP15）在云南省昆明市召开，展示了中国生物多样性之美，向世界分享了中国生物多样性治理和生态文明建设经验。花粉作为具有高度形态多样性的被子植物雄配子体，在植物繁衍与物种多样性中扮演着至关重要的作用。编研人员作为科研一线的教师或医务工作者，通过读本编研的途径，呈现了生物安全视角下花粉多样性与人类生活的多种相互关系，丰富了COP15和生物多样性保护的科普宣传工作，进一步宣传了习近平生态文明思想，提升了公众生物多样性意识。

　　读本以生物安全、花粉、人类健康为主题词，以花粉为主线，以生物安全分类系统下的五大类型，即公共卫生安全、动植物疫情安全、应用生物技术安全、生物资源安全、防范外来物种入侵与保护生物多样性安全为框架，阐释了每种安全范畴下花粉对人类健康的正、负面效应。本书的"第一章　生物安全与花粉"，首先，介绍了"生物安全"和"花粉"这两个概念的定义、内涵、分类，以及国内外研究进展，让读者全面知悉生物安全和花粉的背景知识，为理解后续花粉、生物安全、人类健康三者之间的交互关系打下理论基础。"第二章　花粉的人类健康价值"通过生动的实例和前人研究数据，对花粉的人类健康价值正、反两面进行了综合性评价，"利"从食用（如酸奶、酒）、使用（如美容养颜化妆品）、药用（如抗肿瘤、降脂、护肝、抑制前列腺）等方面来展现，而"弊"则从花粉过敏性鼻炎、结膜炎、口腔变态反应综合征、蜜源中毒等方面来介绍，帮助读者理性认识花粉对人类健康的影响。

"第三章 与人类健康有关的花粉种类"从"营养学""植物学""花粉形态学"的专业角度，对花粉所含的碳水化合物、蛋白质、水分、脂肪、矿物质、维生素、酶、常量及微量元素及其相应的医用价值进行阐述，筛选列举了有益健康的松、玉米、刺槐、荷花、油菜等24种植物的花粉及其植物形态、花期、花粉形态与功效，同时也对有损健康的豚草、蒿属、悬铃木、雷公藤、大戟、马醉木的花粉等多种有毒有害种类进行介绍，让读者对与自己生活环境息息相关的周边植物的健康影响力有清晰的认识，并理解所处环境的生物安全隐患。"第四章 花粉的生物安全隐患与分类"是读本的主体部分，通过五个小节分别阐述了公共卫生安全下的花粉症与城市绿源污染、动植物疫情安全下的花粉与微生物、应用生物技术安全下的花粉制剂与药物载体、生物资源安全下的药食蜜源性中毒与有害物超标、外来入侵种与生物多样性安全下的传粉资源争夺战。通过大量的国内外研究进展和学术论文数据，对每个专题下的花粉人类健康属性进行了实例分析、原因剖析、问题解析，通过警示性的国家政策信息、学术研究报道、历史真实事件、虚拟故事情节等宣传媒介，引起读者对花粉生物安全隐患的高度重视和关注。

读本科学性强，编研人员来自"中医学""生药学""药物分析学""社会医学"与"卫生事业管理"专业，以及"植物学"与"花粉形态学"专业，学科背景完善、专业知识扎实、相互协调，共同把关。文献著作引用渠道规范，读本资料与素材来源筛选严格，大多为SCI源数据库和中文核心期刊收录。引用均可在每章节后检索得到，方便读者及时追溯原文与出处。文中涉及的植物拉丁文在权威植物学名网站Plants of the world online完成校对和修正。植物形态特征描述则参考了*Flora of China*、《中国植物志》、《iPlant植物智——植物物种信息系统》等权威专著或网站。花粉数据多来自国际孢粉学数据库Palynological Database（Paldat），术语则按照孢粉学最新术语规范描述 [Evolution of Angiosperm Pollen：1. Introduction. Annals of the Missouri Botanical Garden，2015. 100 (3-4)：177-226]。

　　本书将学术性较强的科学技术知识转述为通俗易懂的大众化知识。利用非学术化语言，通过大量科研实践案例和童话卡通故事，讲述生物安全下的花粉与人类生活关系，增加大众可读性与启示性，通过科普小故事、科学实验员、生活小贴士、科普小贴士、就医小贴士等内容板块的设计，用儿童文学手法介绍了花粉的双面性与生物安全隐患等专业知识。另外，读本通过科学性示范、故事性提问、指导性建议等多种形式激发读者的思考，鼓励读者对相关概念或案例进一步地信息获取和知识扩充，在作者和读者间构建了思想交流的桥梁。在科学知识普及的手段上，注重体验和实践过程，利用科学实验过程的细节化描述，增加读者的直触感，引导读者通过"思考—验证—总结"的方法解决问题。同时，读本兼顾了科研育人性，其编撰不仅有研究人员参与，同时还有昆明医科大学本科生导师制下"药学""临床药学""临床医学"专业的11名本科生参与，开展文献著作检索与收集和内容板块的设计、绘画与撰写创作。通过读本的编撰，激发了本科生的科研兴趣。通过高校师生互作模式，加强了科教协同，形成了学术型教师对学生的科研价值导向引导的实践与示范。

　　本书注重了自然科学与人文科学的结合。通过《神农本草经》关于香蒲和松树植物花粉的记载、《本草纲目》和《新修本草》关于松黄功效和花粉药食同用的记载、唐朝诗人李商隐和欧阳修的绝美诗句来体现花粉研究史中的中国古代花粉文化，体现花粉在中国古代文学和哲学中的地位，体现存在于中医药文化和中医药资源宝库中花粉的悠久利用史。

2020年，云南省政府出台的《推进健康云南行动的实施意见》中指出，要实施健康知识普及行动和健康环境促进行动，普及健康知识，创建良好的健康环境，培养健康文明生活方式，全面提升全民健康素养水平。读本普及面广，除面向社会各类读者外，也可作为大学生选修课和中小学校、社区、企事业单位开展花粉与人体健康知识科普和培训的素材；适合不同专业背景和不同年龄层次的读者，并为政府、城市气象、公共卫生医疗、制药、农林业、城市规划、生态文明建设等相关部门提供有价值的参考。读本具有重要示范作用，解决了目前国内花粉和人体健康关联性方面科普读物较少的现状，区别于已有的花粉科普读物，读本从生物安全视角，对花粉的生物安全隐患进行全面阐述，促进更理性和客观地利用花粉。同时，读本的学术性内容基于国内外科研进展，通过浅显的表述，图文并茂，集知识性和趣味性为一体，更易被民众理解和接受，有利于提高民众的科学素养，吸引人才进入花粉相关学科领域，营造花粉产业文化环境，并最终维系人与自然和谐等机制促进经济社会发展。

最后，感谢云南省社科规划科普项目（SKPJ202081）与国家自然科学基金项目（NSFC- 42175139）共同对本书编撰给予的资助！